D1928230

Thomas Kilian

Der Igel-Faktor

Erfolgreiche Neukunden-Gewinnung im Internet

BusinessVillage
Update your Knowledge!

Thomas Kilian
Der Igel-Faktor
Erfolgreiche Neukunden-Gewinnung im Internet
1. Auflage
Göttingen: BusinessVillage, 2009
ISBN 978-3-938358-86-3

Bestellnummer
Druckausgabe Bestellnummer PB-768
ISBN 978-3-938358-86-3

Bezugs- und Verlagsanschrift
BusinessVillage GmbH
Reinhäuser Landstraße 22
37083 Göttingen
Telefon: +49 (0)551 2099-100
Fax: +49 (0)551 2099-105
E-Mail: info@businessvillage.de
Web: www.businessvillage.de

Layout und Satz
Sabine Kempke

Illustration/Titelbild
Thoxan GmbH • agentur für neue medien

Druck und Bindung
Hubert & Co, Göttingen

Inhalt

1. Für wen dieses Buch gedacht ist

„Die Kreativität der Entwürfe und der textlichen Arbeit haben mich absolut überzeugt und ich kann die Agentur Thoxan vorbehaltlos weiterempfehlen."

Frank Waldschmidt, Hannover

Was für eine herrliche Vorstellung: Volle Auftragsbücher, der Laden brummt, begeisterte Kunden überschlagen sich vor Freude und täglich melden sich neue Interessenten, die meine Dienste in Anspruch nehmen wollen. Kaltakquise ist ein Fremdwort für mich geworden. Ich suche nicht, ich lasse mich finden. Aus Interessenten werden Kunden, aus Kunden begeisterte Fans. Zu schön, um wahr zu sein? Aber genau diese Wunschvorstellung hatte ich am Anfang meiner unternehmerischen Tätigkeit: Neue Kunden anziehen wie ein Magnet.

Blauäugig? Gewiss. Aber nicht unmöglich.

Heute bin ich meinem Traum vom Neukunden-Magnetismus näher als ich am Anfang zu hoffen gewagt hätte. Ich erlebe Neukunden-Akquise in meiner Agentur nicht als Horrorvorstellung, sondern als natürlichen Bestandteil meiner täglichen Arbeit. Ich bin aus Marketingsicht zwar auch nicht untätig, empfinde es aber nicht als Belastung, neue Aufträge zu akquirieren; in den meisten Fällen macht es mir sogar Spaß, weitere Kunden zu erreichen.

Der „Igel-Faktor" enthält meine Erfahrungen in der Neukunden-Gewinnung, vor allem im Internet. Es ist ein persönliches Buch, unterhaltsam (wenn nicht, ist es jetzt ohnehin zu spät ...) und praktisch. Für Sie geschrieben, damit Sie viele der Ideen und Ansätze leicht in die unternehmerische Praxis umsetzen können und dadurch spürbare Verbesserungen erleben – mit Ihrem Webauftritt, in Ihrem Marketing und nicht zuletzt durch den Zulauf neuer Interessenten und Kunden.

Dieses Buch ist für Selbstständige, Freiberufler, Unternehmer in kleinen und mittelständischen Betrieben, „Akquise-Geschädigte", Internet-Neulinge, Unternehmensberater und Marketing-Entscheider geschrieben. Es vermittelt Grundlagenwissen über den Nutzen des Internets für Unternehmen, hilft Ihnen dabei, durch Online-Marketing Ihr Image zu verbessern, und zeigt Strategien auf, mit denen Sie nachhaltig neue Kunden gewinnen.

Sie sind Inhaber oder Geschäftsführer eines kleinen oder mittelständischen Betriebes („KMU")? Sie wollen sich über sinnvolles Online-Marketing informieren? Mit wenigen Handgriffen spürbare Verbesserungen an Ihrer Website erzielen? Dann ist der Igel-Faktor genau das Richtige für Sie, um ein grundlegendes Verständnis von der Neukunden-Gewinnung im Internet zu bekommen.

Sie sind in Ihrem Unternehmen als Webmaster oder Technischer Leiter für die Pflege der Website verantwortlich, damit aber inhaltlich und konzeptionell überfordert? Erhoffen sich neue Impulse, um die Anziehungskraft Ihrer Website zu optimieren? Dann finden Sie eine Fülle von einfach umzusetzenden Techniken und Funktionen, mit denen Sie auf Ihrer Website den Neukunden-Turbo einschalten können.

Ebenfalls gedacht ist dieses Buch für Marketing-Verantwortliche, die im Medium Internet bisher nur eine statische Werbeform ohne Nutzen für die Neukunden-Gewinnung gesehen haben. Lassen Sie sich positiv überraschen, wie die Neuen Medien zum Vertriebserfolg beitragen.

Egal aus welchem Grunde Sie dieses Buch lesen: **Lassen Sie sich zum Erfolg anstacheln** und erleben Sie, über welches Potenzial das Internet zur Neukunden-Gewinnung verfügt.

Der Igel-Faktor enthält Anregungen, die sich leicht in die Praxis umsetzen lassen und ist in den allgemeinen Marketing-Kontext eingebettet. Dabei verzichte ich auf fachchinesische Erläuterungen und allzu tiefgreifende technische Beschreibungen (es ist also eher als „Business-Lektüre für die Badewanne" gedacht). Experten auf dem Gebiet des Online-Marketings mögen die zum Teil stark verkürzte Darstellung der Zusammenhänge verzeihen. Mir kommt es vor allem darauf an, grundlegendes Wissen über erfolgreiche Neukunden-Gewinnung im Internet zu vermitteln. Analytische Studien und theoretische Abhandlungen überlasse ich gerne geschätzten Kollegen, bei denen ich mich bei meiner Vorbereitung natürlich auch bedient habe. Sie finden am Ende des Buches eine Auswahl an weiterführender Literatur.

2. Der Igel-Faktor: Hase, Igel und das Internet

Das Märchen vom Hasen und vom Igel im Original

Gebrüder Grimm: Der Hase und der Igel

Diese Geschichte ist eigentlich gelogen, Kinder, aber wahr ist sie doch, denn mein Großvater, von dem ich sie habe, pflegte immer, wenn er sie erzählte, zu sagen: „Wahr muß sie sein, mein Sohn, sonst könnte man sie ja nicht erzählen." Die Geschichte aber hat sich so zugetragen.

Es war an einem Sonntagmorgen im Herbst, gerade als der Buchweizen blühte; die Sonne war am Himmel aufgegangen, und der Wind strich warm über die Stoppeln, die Lerchen sangen hoch in der Luft, und die Bienen summten im Buchweizen. Die Leute gingen in ihrem Sonntagsstaat zur Kirche, und alle Geschöpfe waren vergnügt, auch der Igel.

Er stand vor seiner Tür, hatte die Arme verschränkt, er guckte in den Morgenwind hinaus und trällerte ein kleines Liedchen vor sich hin, so gut und so schlecht wie am Sonntagmorgen ein Igel eben zu singen pflegt. Während er nun so vor sich hinsang, fiel ihm plötzlich ein, er könnte doch, während seine Frau die Kinder wusch und ankleidete, ein bißchen im Feld spazierengehen und nachsehen, wie die Steckrüben standen. Die Steckrüben waren ganz nah bei seinem Haus, und er pflegte sie mit seiner Familie zu essen, darum sah er sie auch als die seinigen an.

Gedacht, getan. Er schloß die Haustür hinter sich und schlug den Weg zum Feld ein. Er war noch nicht sehr weit und wollte gerade um den Schlehenbusch herum, der vor dem Feld stand, als er den Hasen erblickte, der in ähnlichen Geschäften ausgegangen war, nämlich um seinen Kohl zu besehen. Als der Igel den Hasen sah, wünschte er ihm freundlich einen guten Morgen. Der Hase aber, der auf seine Weise ein vornehmer Herr war und grausam hochfahrend noch dazu, antwortete gar nicht auf des Igels Gruß, sondern sagte mit höhnischer Miene: „Wie kommt es, daß du hier schon so am frühen Morgen im Feld herumläufst?“

„Ich gehe spazieren“, sagte der Igel.
„Spazieren?“, lachte der Hase. „Du könntest deine Beine schon zu besseren Dingen gebrauchen.“

Diese Antwort verdroß den Igel sehr. Alles kann er vertragen, aber auf seine Beine läßt er nichts kommen, gerade weil sie von Natur aus krumm sind.
„Du bildest dir wohl ein, du könntest mit deinen Beinen mehr ausrichten?“, sagte er.
„Das will ich meinen“, sagte der Hase.
„Nun, das kommt auf einen Versuch an“, meinte der Igel. „Ich wette, wenn wir um die Wette laufen, ich lauf schneller als du.“

„Du – mit deinen krummen Beinen?“, sagte der Hase. „Das ist ja zum Lachen. Aber wenn du so große Lust hast – was gilt die Wette?“
„Einen Golddukaten und eine Flasche Branntwein“, sagte der Igel.
„Angenommen“, sagte der Hase, „schlag ein, und dann kann es gleich losgehen.“
„Nein, so große Eile hat es nicht“, meinte der Igel, „ich hab' noch gar nichts gegessen; erst will ich nach Hause gehen und ein bißchen was frühstücken. In einer Stunde bin ich wieder hier.“

Damit ging er, und der Hase war zufrieden. Unterwegs aber dachte der Igel bei sich: „Der Hase verläßt sich auf seine langen Beine, aber ich will ihn schon kriegen. Er ist zwar ein vornehmer Herr, aber doch ein dummer Kerl, und das soll er bezahlen.“

Als er nun nach Hause kam, sagte er zu seiner Frau: „Frau, zieh dich rasch an, du mußt mit mir ins Feld hinaus.“

„Was gibt es denn?", fragte die Frau.
„Ich habe mit dem Hasen um einen Golddukaten und eine Flasche Branntwein gewettet, daß ich mit ihm um die Wette laufen will. Und da sollst du dabei sein."

„O mein Gott, Mann", begann die Frau loszuschreien, „hast du denn ganz den Verstand verloren? Wie willst du mit dem Hasen um die Wette laufen?"

„Halt das Maul, Weib", sagte der Igel, „das ist meine Sache. Misch dich nicht in Männergeschäfte! Marsch, zieh dich an und komm mit!" Was sollte also die Frau des Igels tun? Sie mußte gehorchen, ob sie wollte oder nicht.

Als sie miteinander unterwegs waren, sprach der Igel zu seiner Frau: „Nun paß auf, was ich dir sage. Dort auf dem langen Acker will ich unseren Wettlauf machen. Der Hase läuft in einer Furche und ich in der anderen, und dort oben fangen wir an. Du hast nun weiter nichts zu tun, als daß du dich hier unten in die Furche stellst, und wenn der Hase in seiner Furche daherkommt, so rufst du ihm entgegen: ‚Ich bin schon da!'"

So kamen sie zu dem Acker, der Igel wies seiner Frau ihren Platz an und ging den Acker hinauf. Als er oben ankam, war der Hase schon da. „Kann es losgehen?" fragte er.
„Jawohl", erwiderte der Igel.

„Dann nur zu." Damit stellte sich jeder in seine Furche. Der Hase zählte: „Eins, zwei, drei", und los ging es wie ein Sturmwind den Acker hinunter. Der Igel aber lief nur etwa drei Schritte, dann duckte er sich in die Furche hinein und blieb ruhig sitzen. Und als der Hase im vollen Lauf am Ziel unten am Acker ankam, rief ihm die Frau des Igels entgegen: „Ich bin schon da!" Der Hase war nicht wenig erstaunt, glaubte er doch nichts anderes, als daß er den Igel selbst vor sich hatte. Bekanntlich sieht die Frau Igel genauso aus wie ihr

Mann. „Das geht nicht mit rechten Dingen zu", rief er. „Noch einmal gelaufen, in die andere Richtung!" Und fort ging es wieder wie der Sturmwind, daß ihm die Ohren am Kopf flogen. Die Frau des Igels aber blieb ruhig an ihrem Platz sitzen, und als der Hase oben ankam, rief ihm der Herr Igel entgegen: „Ich bin schon da!"

Der Hase war ganz außer sich vor Ärger und schrie: „Noch einmal gelaufen, noch einmal herum!"
„Meinetwegen", gab der Igel zurück. „Sooft du Lust hast."
So lief der Hase dreiundsiebzigmal, und der Igel hielt immer mit. Und jedesmal, wenn der Hase oben oder unten am Ziel ankam, sagten der Igel oder seine Frau: „Ich bin schon da."
Beim vierundsiebzigsten Male aber kam der Hase nicht mehr ans Ziel. Mitten auf dem Acker fiel er zu Boden, das Blut floß ihm aus der Nase, und er blieb tot liegen. Der Igel aber nahm seinen gewonnenen Golddukaten und die Flasche Branntwein, rief seine Frau von ihrem Platz am Ende der Furche, und vergnügt gingen beide nach Hause. Und wenn sie nicht gestorben sind, leben sie heute noch.

So geschah es, daß auf der Buxtehuder Heide der Igel den Hasen zu Tode gelaufen hatte, und seit jener Zeit hat kein Hase mehr gewagt, mit dem Buxtehuder Igel um die Wette zu laufen.

Die Lehre aus dieser Geschichte aber ist erstens, daß sich keiner, und wenn er sich auch noch so vornehm dünkt, einfallen lassen soll, sich über einen kleinen Mann lustig zu machen, und wäre es auch nur ein Igel. Und zweitens, daß es gut ist, wenn einer heiratet, daß er sich eine Frau von seinem Stand nimmt, die geradeso aussieht wie er. Wer also ein Igel ist, der muß darauf sehen, daß auch seine Frau ein Igel ist.

(Quelle: http://gutenberg.spiegel.de)

Soweit das Märchen. Tragisch, das Ende des Langohrs. Er hat alles gegeben. Muss sich am Ende aber dem listigen Igel geschlagen geben. Dass er dabei sein Leben lässt, zeigt den ungeheuren Einsatzwillen, mit dem er sein Ziel erreichen will.

Wir können schon eine Menge vom Hasen lernen, doch noch viel mehr zeigt uns der Igel, wie es mit der richtigen Strategie gelingt, sich gegen scheinbar mächtige Gegner zu wappnen.

Die Geschichte vom Hasen und vom Igel wird uns durch das gesamte Buch begleiten. Es geht nicht darum, alle Aspekte des Märchens literarisch zu deuten und hinter jeder Äußerung eine tiefenpsychologische Weisheit zu entdecken. Vielmehr soll uns die Geschichte ein Beispiel geben, wie sich kleine oder mittelständische Unternehmen im Internet so gekonnt präsentieren, dass die „alten Hasen" trotz vieler Mühen den Kürzeren ziehen.

Herausforderung Internet

„Ich bin schon da!", ruft der Igel ein ums andere Mal. Keuchend und hustend nimmt der Hase die nächste Runde in Angriff. „Kann doch gar nicht sein, dass der kleine Kerl soviel schneller ist als ich!", denkt das Langohr empört und läuft noch ein wenig schneller. Der Igel hingegen freut sich. Zusammen mit seiner Frau trickst er den Hasen gekonnt aus und trägt am Ende den Sieg davon.

Die Geschichte vom Hasen und vom Igel kenne ich noch aus Kindertagen. Es gab in den 1980er Jahren mal ein gleichnamiges Spiel des Jahres und auch in den Gute-Nacht-Geschichten meiner Eltern durfte dieses Märchen der Gebrüder Grimm über den Wettlauf der beiden Tiere natürlich nicht fehlen. Bei der Suche nach einer passenden Analogie für dieses Buch ist mir das Märchen vom Hasen und vom Igel wieder eingefallen. Es gibt darin ausgesprochen viele Parallelen zur Neukunden-Gewinnung im Internet. Nicht nur die beiden Tiere, sondern auch viele Unternehmer müssen so manche „Runde“ auf dem virtuellen Steckrübenfeld drehen, um neue Kunden zu gewinnen.

Einige erleben ihr Engagement im „World Wide Web“ in der Tat als mühsamen Wettlauf, bei dem sie zwar Runde um Runde absolvieren, bislang aber noch keinen Erfolg gehabt haben. Am Ende geben Sie entnervt auf: „Das Internet ist nichts für uns! Wir können mit einer Website sowieso keine Kunden gewinnen!“

Dabei ist das Internet aus der heutigen Gesellschaft nicht mehr wegzudenken. Beinahe zwei Drittel aller Deutschen nutzen den Zugang regelmäßig. Auch die kaufkräftige Generation der über 55-Jährigen, die noch vor wenigen Jahren die kleinste Gruppe der Internetnutzer ausmachte, ist mittlerweile äußerst stark vertreten und wächst weiter:

Im Frühjahr 2008 sind 65,8 Prozent der deutschen Erwachsenen online (= 42,7 Millionen). Während unter den 14- bis 29-Jährigen inzwischen nahezu jeder (96 Prozent) Zugang zum Internet hat, liegt die Internet-Verbreitung bei den 30- bis 49-Jährigen bei 83 Prozent und bei den 50- bis 59-Jährigen bei 66 Prozent. Die höchsten Zuwachsraten (plus 11 Prozent) weisen weiterhin die 60- bis 79-Jährigen auf, von denen inzwischen 29 Prozent im Netz aktiv sind.
(Quelle: ARD/ZDF-Onlinestudie 2008, http://www.ard-zdf-onlinestudie.de)

Fakt ist: Im Internet werden Milliarden umgesetzt. Branchenriesen wie ebay, Amazon und Google erwirtschaften jedes Jahr Rekordsummen. Doch auch die Zahlen vieler kleinerer Online-Shops können sich sehen lassen. Jede zweite Flugreise wird mittlerweile über das Internet gebucht. Und wann haben Sie selbst zuletzt nach einer Immobilie oder einem Gebrauchtwagen gesucht? Viele nutzen die großen Portale im Internet, um sich einen ersten Eindruck zu verschaffen. Gleiches gilt bei der Suche nach einem Steuerberater, einem Tierarzt oder einer Gebäudereinigung.

Gerade die Suche nach Informationen ist für die meisten Internetbenutzer am wichtigsten (siehe dazu ebenfalls die Details aus der ARD/ZDF-Onlinestudie). Im Schnitt nutzen rund 90 Prozent der Anwender Suchmaschinen für ihre Recherche, allen voran Google.

Die Kernfrage lautet für Unternehmen heute nicht mehr „Bin ich schon drin, oder was?", sondern „Werde ich bei Google gefunden?" Wer mit seiner Website nicht für ausgewählte Suchtreffer auf der ersten Seite von Google auftaucht, braucht sich über ausbleibende Kunden nicht zu wundern. Insofern wird die Beschäftigung mit Suchmaschinen ein zentrales Thema dieses Buches sein.

Ehrliche Bestandsaufnahme

Versetzen Sie sich doch einmal in die Lage Ihrer (potenziellen) Kunden. Machen Sie eine ehrliche Bestandsaufnahme. Welche Begriffe würden Sie eingeben, wenn Sie nach einer Firma in Ihrer Branche suchen würden? Wo genau würden Sie suchen? Was erwarten Sie als potenzieller Kunde von der Internetseite Ihres Unternehmens? Erfüllt Ihr Webauftritt bereits die Kriterien, die Sie sich gestellt haben, oder gibt es noch viel zu tun?

Gehen Sie hierzu in Gedanken die Checkliste auf der folgenden Seite durch und beantworten Sie ehrlich jede Frage für Ihr Unternehmen.

Checkliste „Herausforderung Internet"

	Fragen	Ja	Nein	Notizen
1.	Haben Sie bereits eine eigene Website?			
2.	Sind Sie selbst mit dem Layout und den Inhalten Ihrer Website zufrieden?			
3.	Wissen Sie, wonach Ihre Kunden bei Google & Co. suchen?			
4.	Ist Ihre Internetpräsenz informativ und benutzerfreundlich?			
5.	Nutzen Sie Ihre Website bereits als ein Instrument fürs Marketing, mit dem Sie Ihre Produkte, Kampagnen oder Marken im Internet strategisch positionieren?			
6.	Ist das Internet für Sie bereits ein Instrument zur Neukunden-Gewinnung?			
7.	Haben Sie schriftlich Ziele für Ihren Internet-auftritt formuliert?			
8.	Erreichen Sie mit Ihrer Website die anvisierte Zielgruppe?			
9.	Kennen Sie die Online-Angebote Ihrer Konkurrenz?			
10.	Ist Ihre Seite technisch auf dem neuesten Stand und frei von Fehlern?			
11.	Haben Sie auf Ihrer Website informative und gut lesbare Texte?			
12.	Sieht Ihre Website auch grafisch „aufgeräumt" und freundlich aus?			
13.	Überprüfen Sie die Ergebnisse und Ziele Ihrer Website regelmäßig?			
14.	Werden Sie in Google bereits gut gefunden?			

Wenn Sie mehr als drei Fragen mit „Nein“ beantwortet haben, gehören Sie zu den vielen Unternehmen, die ihre „Internetstrategie“ noch nicht gefunden haben. Sie werden besonders von diesem Buch profitieren.

Das Internet ist ein idealer Weg zu einer dauerhaften und nachhaltigen Neukunden-Gewinnung. Wer wie der Igel mit der richtigen Strategie zu Werke geht, kann den „alten Hasen“ leicht den Rang ablaufen. Doch viele Unternehmen igeln sich stattdessen lieber ein. Voller Frust über die ersten mühsamen Runden geben sie den Wettkampf auf, bevor er so richtig begonnen hat. Sie denken, dass sich ein Auftritt im Internet nur mit einem großen Budget und noch mehr Kraftanstrengung bestreiten lässt. Ihre „krummen Beine“ sind eine gute Ausrede, um sich vor dem Wettlauf auf dem virtuellen Steckrübenfeld zu drücken.

In diesem Buch erzähle ich Ihnen, wie sich kleine und mittelständische Unternehmen im Internet erfolgreich präsentieren, ohne dabei aus der Puste zu kommen. Es sind viele kleine Stellschrauben, die für nachhaltigen Erfolg sorgen. Deshalb zeige ich mit vielen praktischen Beispielen, wie Sie die Sichtbarkeit und Attraktivität Ihres Unternehmens im Internet steigern können. Dabei liegt der Schwerpunkt auf der schnellen Umsetzbarkeit der Maßnahmen. Wenn Sie den Igel-Faktor gelesen haben, sollen Sie Lust bekommen haben, die Ärmel hochzukrempeln und neue Wege im Online-Marketing einzuschlagen.

Branchenübergreifend und zeitlos

Das Märchen vom Hasen und Igel zeigt, dass nicht Größe und Stärke siegen, sondern Scharfsinn und die richtige Strategie. Allerdings gibt es keinen Königsweg zur Neukunden-Gewinnung im Internet. Unternehmen unterscheiden sich in ihren verschiedenen Branchen, durch verschiedene Angebote und Zielgruppen. Sicher wäre auch das Märchen anders verlaufen, hätte es der Hase nicht mit einem Igel, sondern mit einem Wellensittich oder einem Nacktmull zu tun gehabt.

Im Igel-Faktor gebe ich Ihnen eine Vielzahl kurzer und leicht in die Praxis umzusetzender Tipps und Tricks, um sich im Internet professionell selbst zu vermarkten. Suchen Sie sich einfach die Wege heraus, die zu Ihnen und zu Ihrem Unternehmen passen. Gerne können Sie die Vorschläge auch abwandeln, ergänzen oder erweitern. Schreiben Sie mir unter www.igel-faktor.de einen kurzen Kommentar, was Sie aus meinen Anregungen heraus entwickelt haben.

Schauen wir zunächst, welche Stärken der Hase und der Igel haben und wie wir diese Stärken auch für unser Engagement im Internet nutzen können. Dann folgt der Lauf auf dem virtuellen Steckrübenfeld. Insgesamt 73 Kapitel (jedes Kapitel steht hier für eine Runde aus dem Wettlauf der Tiere) sind randvoll gefüllt mit Ideen, Maßnahmen und praktischen Ratschlägen zu einer optimalen Selbstdarstellung im Internet. Der besseren Übersichtlichkeit halber habe ich die 73 Runden noch einmal in 7 Hauptbereiche unterteilt.

In der **Aufwärmphase** (Runde 1 bis 7) zeige ich, dass jede gute Website einen durchdachten Plan braucht. Ohne ein sicheres Fundament fällt auch das schönste Haus schnell in sich zusammen. Machen Sie eine ehrliche Bestandsaufnahme, ob Sie bereits alle Grundvoraussetzungen erfüllen, die zur Online-Kundenjagd benötigt werden.

Beim **Hürdenlauf** (Runde 8 bis 13) sprechen wir über die Sichtbarkeit Ihres Unternehmens im Internet. Zu viele verstecken sich mit ihrer winzig kleinen Website vor ihren Kunden. Sie müssen ins Rampenlicht, wenn Sie neue Interessenten gewinnen wollen. Stellen Sie sich auf den Marktplatz des globalen Dorfes und zeigen Sie, wer Sie sind und was Sie anbieten.

Es folgt der erste **Zwischenspurt** (Runde 14 bis 31): Dieser große Abschnitt ist dem Thema der Suchmaschinen-Optimierung gewidmet. Auch hier gebe ich Ihnen zunächst einige Hintergrundinformationen, bevor ich Ihnen die wichtigsten Maßnahmen zur Optimierung Ihrer Website aufzeige. Es geht schließlich darum, dass Sie bereits mit kleinen Veränderungen eine bessere Position bei Google & Co. erreichen.

Welche Vorteile Ihnen der Einsatz von sogenannten „Content Management Systemen" wie etwa TYPO3 und WordPress bietet, verrät Ihnen die eingeschobene **Extrarunde** (Runde 32 bis 36). Hier widme ich mich einigen Funktionen, die ebenfalls im Sinne der Suchmaschinen-Optimierung für Sie nützlich sind.

Zentraler Abschnitt in der Mitte dieses Buches ist der **Ausdauerlauf** (Runde 37 bis 52): „Web 2.0" ist für mich nicht nur ein Schlagwort, sondern bietet verschiedenste Möglichkeiten zur Neukunden-Gewinnung. Nutzen Sie die innovativsten und unkonventionellsten Funktionen des sogenannten „Mitmachweb", um neue Umsatzpotenziale zu erschließen.

Ein Großteil des Wettlaufs liegt nun bereits hinter Ihnen. Zeit, es ein wenig ruhiger angehen zu lassen. Beim **lockeren Auslaufen** (Runde 53 bis 62) zeige ich weitere nützliche Funktionen der neuesten Internetgeneration, mit denen Sie sich online einen positiven Ruf aufbauen. Ob Sie sich selbst, Ihr Unternehmen oder Ihre Produkte darstellen, spielt dabei für Social Media und Reputationsmanagement keine Rolle. Nicht alle Beispiele sind für jeden gedacht, aber für jeden ist etwas dabei, das bei der Neukunden-Gewinnung behilflich sein kann.

Zeit für den **Schlussspurt** (Runde 63 bis 73): In diesen Kapiteln sprechen wir darüber, wie Sie aus Besuchern Kunden machen – denn darum geht es ja schließlich im Igel-Faktor. Sie erfahren, wie Sie den Erfolg messen und Ihren Besuchern die Kontaktaufnahme erleichtern. Doch bis dahin ist es noch ein langer Weg. Also ziehen Sie schon mal die Turnschuhe an und machen Sie ein wenig Gymnastik ...

Was wir vom Hasen lernen können

Der Hase aber, der auf seine Weise ein vornehmer Herr war und grausam hochfahrend noch dazu, antwortete gar nicht auf des Igels Gruß, sondern sagte mit höhnischer Miene: „Wie kommt es, daß du hier schon so am frühen Morgen im Feld herumläufst?"

„Ich gehe spazieren", sagte der Igel.

„Spazieren?", lachte der Hase. „Du könntest deine Beine schon zu besseren Dingen gebrauchen."

Diese Antwort verdroß den Igel sehr. Alles kann er vertragen, aber auf seine Beine läßt er nichts kommen, gerade weil sie von Natur aus krumm sind. „Du bildest dir wohl ein, du könntest mit deinen Beinen mehr ausrichten?", sagte er.

„Das will ich meinen", sagte der Hase.

Das hat der Hase nun von seinem hochnäsigen Getue. Runde um Runde muss er über das Steckrübenfeld hetzen, um am Ende vor lauter Erschöpfung tot zu Boden zu sinken. „Hochmut kommt vor dem Fall", heißt es ja so schön. Dennoch können wir vom Hasen einiges lernen.

Der Hase kennt seine Stärke

Der Hase weiß, dass er schnell ist. Seine starken Beine ermöglichen ihm, vor seinen Feinden zu fliehen und immer wieder flinke Haken zu schlagen. Seine Selbstsicherheit kennt keine Grenzen. Ein Wettlauf gegen den Igel mit den krummen Beinen? Kein Problem für das Langohr. Auch wenn ihm seine Überheblichkeit am Ende zum Verhängnis wird – er kannte immerhin seine Stärke.

Kennen auch Sie Ihre Stärke? Können Sie aus dem Stegreif kurz und griffig benennen, warum neue Kunden bei Ihnen anrufen oder bestellen sollten? Wieso sind Sie sich sicher, es mit Ihren Konkurrenten aufnehmen zu können? Haben Sie überhaupt den Mut, sich auf einen Wettlauf über das virtuelle Steckrübenfeld einzulassen?

Direkte Fragen erfordern direkte Antworten. Schreiben Sie Ihre drei größten Stärken auf und denken Sie einen Moment darüber nach:

1. ______________________________

2. ______________________________

3. ______________________________

Ist es Ihnen schwergefallen, die drei Punkte zu benennen? Fragen Sie einmal Ihre Mitarbeiter, Partner oder einen guten Kunden, worin Ihre drei größten Stärken liegen. Sind es die kräftigen Beine und die langen Ohren des Hasen oder vielleicht die spitzen Stacheln des Igels? Deckt sich die Einschätzung Ihres Gesprächspartners mit Ihrer eigenen Vermutung?

Sich seiner Stärken bewusst zu sein, ist eine absolute Grundvoraussetzung zur Neukunden-Gewinnung (im Internet und anderswo). Ich erlebe immer wieder, dass Kunden mich mit der Gestaltung einer Website beauftragen oder einen Flyer gedruckt haben möchten, sich aber vorher überhaupt keine Gedanken über Ihre Stärken gemacht haben. Ich frage jedes Mal, welche konkreten Vorteile wir kommunizieren wollen und blicke häufig in ratlose Gesichter. Entweder erhalte ich eine Antwort wie „Darüber habe ich bislang noch nie nachgedacht!" oder bekomme nichts sagende Plattitüden angeboten: „Unsere Stärken sind seit 25 Jahren Service und Qualität!" – Wer mag das nicht von sich behaupten? Was bedeutet das konkret?

Ein paar Beispiele, wie man es besser macht:

- Qualität bedeutet für uns, dass wir bei Mängeln innerhalb von 24 Stunden (per Express) für kostenfreien Ersatz sorgen.
- Unsere Stärke ist die ständige Erreichbarkeit eines fachlich kompetenten Mitarbeiters rund um die Uhr.
- Wir verfügen über spezielles Werkzeug, mit dem wir Arbeiten auch in einer Höhe von bis zu 65 Metern ausführen können.

In Runde 1 („Profilieren Sie sich!") und Runde 4 („Nutzenformulierung statt Bullenschau") werden wir uns noch einmal eingehend mit der Formulierung Ihrer Stärken befassen. Erinnern Sie sich beim Lesen dieses Buches daran, dass Sie Ihre Website noch so gut optimieren können; wenn die Besucher Ihre besondere Stärke nicht erkennen, werden Sie über das Internet nur wenige bis gar keine Kunden gewinnen.

Der Hase hat Ausdauer und Siegeswillen

Wer von uns würde im Berufsleben schon an die Grenzen der Belastbarkeit gehen? Ich meine damit nicht im körperlich-seelischen Bereich (Burnout und Depression lassen herzlich grüßen ...), sondern in der Neukunden-Gewinnung. Ich kenne viele Unternehmer, die bereits nach wenigen Versuchen entnervt aufgeben:

- „Telefonische Kaltakquise? Bringt doch alles nichts. Ich habe jetzt acht Firmen angerufen und keiner von denen wollte mein Kunde werden!"
- „Das Internet ist zu überhaupt nichts nutze und reine Zeitverschwendung. Wir haben da vor Jahren mal eine Seite reingestellt und noch hat sich niemand bei uns gemeldet!"
- „Wir haben letztes Jahr neue Flyer drucken lassen und in der Firma ausgelegt. Aber bislang haben wir nur zwei Kunden dadurch gewonnen."

Ähnlich blauäugig bin ich damals auch in meine Selbstständigkeit gestolpert. Zwei Tage lang habe ich immerhin 1.000 Werbebriefe ausgedruckt, per Hand unterschrieben und eingetütet. Konnte gar nicht ruhig schlafen nach dem Versand. Ungeduldig saß ich tagelang vor dem Fax-Gerät, um die erhofften 50 Rückmeldungen (O-Ton Grünschnabel Kilian: „5 bis 10 Prozent sind doch sicher realistisch!") anzunehmen. Doch – oh wie enttäuschend! – es kamen nur vier Rückmeldungen und am Ende ein neuer Kunde dabei raus. Mein erstes Akquise-Experiment war offenbar gescheitert. „Werbebriefe bringen ja überhaupt nichts!" – da war ich mir zunächst sicher. Heute weiß ich es besser. Eine Rücklaufquote von 0,3 bis 0,5 Prozent ist ein guter Wert, nur besondere Mailings schaffen auch mal mehr als ein Prozent. Wir sprechen hier schließlich von Kaltakquise, das heißt unbekannten Adressaten. Bei Bestandskunden liegen die Zahlen natürlich deutlich höher.

Ich hätte also viel zufriedener sein können mit dem Ergebnis und habe durch die Aktion ja wirklich einen größeren Kunden gewonnen, für den sich die gesamte Arbeit mehr als gelohnt hat. Alles eine Frage der Perspektive und der Ausdauer. Und hier bewundere ich den Hasen, der sich durch nichts von seinem Siegeswillen abbringen lässt. Er läuft Runde um Runde und ist völlig aus der Puste, will aber die Wette gegen den Igel nicht verlieren, koste es, was es wolle – und wenn es sein Leben ist, das er tatsächlich am Ende lassen muss.

Ausdauer ist ein wichtiger Faktor in der Neukunden-Gewinnung. Meine Erfahrung ist, dass vor allem Wunschkunden nur durch echte Beziehungen zu gewinnen sind. Wer Bedarfswaren für wenige Euro verkauft, braucht vielleicht keine dauerhaften Kunden, aber alle Dienstleister, Handwerker oder Händler von hochwertigen Gütern sind auf verlässliche Kundenbeziehungen angewiesen. Noch mehr anstrengen muss sich, wer Kunden zu begeisterten Fans entwickeln möchte. Egal, welchen Anspruch Sie an Ihre potenziellen Kunden haben: Wenn Sie langfristig erfolgreich sein wollen, müssen Sie Siegeswillen zeigen. Sie dürfen sich nicht so leicht von Ihrem Kurs abbringen lassen.

Geben Sie also Ihre Bemühungen nicht auf, wenn sich die großen Erfolge nicht sofort einstellen wollen. Im Gegenteil: Legen Sie noch einen Zahn zu. Machen Sie größere Schritte beim Wettlauf um neue Kunden. Welche Schritte das sind und wie Sie diese mit den Strategien des Igels verknüpfen, zeigen Ihnen die 73 Kapitel beim Wettlauf über das virtuelle Steckrübenfeld.

Was wir vom Igel lernen können

Der Igel aber nahm seinen gewonnenen Golddukaten und die Flasche Branntwein, rief seine Frau von ihrem Platz am Ende der Furche, und vergnügt gingen beide nach Hause. Und wenn sie nicht gestorben sind, leben sie noch heute.

Klingt doch so, als hätte der Igel alles richtig gemacht, oder? Er wird bei seinem Morgenspaziergang vom Hasen recht forsch angegangen und lässt sich – leicht zu kränken, wie (Igel-)Männer nun einmal sind – auf einen

Wettkampf ein. Das hat der stachelige Geselle nun von seiner großen Klappe. Anstatt klein beizugeben und die Häme des Langohrs einfach an sich vorbeiziehen zu lassen, muss er sich nun dem unfairen Vergleich stellen.

Seine große Schwäche wird zur Stärke und ist damit ein gutes Vorbild für alle kleinen und mittelständischen Unternehmen, Freiberufler und Einzelkämpfer, die es mit einem schier unbezwingbaren Wettbewerb aufnehmen müssen. Die Literatur ist voll von solchen David-gegen-Goliath-Vergleichen. Und so lässt sich dieses Prinzip auch hervorragend auf die Neukunden-Gewinnung anwenden. Schauen wir uns an, welche Eigenschaften nötig sind, um auch als scheinbar Unterlegener am Ende den Sieg davonzutragen.

Der Igel ist schlagfertig

„Du bildest dir wohl ein, du könntest mit deinen Beinen mehr ausrichten?"
Keine Frage, die Antwort des Igels auf die verbale Attacke des Hasen war nicht von schlechten Eltern. Ich weiß nicht, wie Sie oder ich auf einen ähnlich herablassenden Spruch von einem Branchenriesen reagiert hätten.

Firma XY hat doch viel mehr Erfahrung, ist schon länger am Markt, hat die besten Produkte weit und breit, einen tadellosen Ruf ... und dann steigt der arrogante Geschäftsführer des Marktbegleiters aus seiner Luxuskarosse und meint: „Aus dem Weg! Sie stehen mir in der Sonne! Was wollen Sie mit Ihren lausigen Angeboten schon ausrichten?"

Ich bin nicht sicher, ob ich mich ähnlich frei fühlen würde, den alten Hasen zum Wettlauf herauszufordern. Viele Unternehmer lassen sich einschüchtern, andere geben nach einigen kläglichen Versuchen frustriert auf. Der Wettbewerb scheint viel zu übermächtig, allein das Werbebudget übersteigt bei Weitem den eigenen Jahresumsatz. Der Markt ist gesättigt, neue Kunden sind nirgendwo zu finden. Die Wirtschaftskrise steht vor der Tür oder ist bereits eingetreten. Soweit der Einblick in die Gedankenwelt mancher frustrierter Unternehmer. Der Igel glaubt nicht an solche Binsenweisheiten. Ihm ist es ziemlich egal, wer vor ihm steht. Er lässt nichts auf seine krummen Beine kommen. Er strotzt vor Selbstvertrauen und er weiß um seine Schlauheit. Genau dieses Wissen lässt den Igel so schlagfertig antworten und sich auf einen Wettkampf einlassen, der schon von vorneherein verloren scheint.

Unternehmer „unternehmen" etwas – sie verstecken sich nicht hinter ihrem Wettbewerb, sondern werden aktiv. Auch und gerade in wirtschaftlich schwierigen Zeiten. Lassen Sie sich von der Schlagfertigkeit des Igels anstacheln und packen Sie den Stier bei den Hörnern (oder den Hasen bei den Ohren).

Der Igel ist schlau

Schlagfertigkeit allein kann es jedoch nicht richten. Schon viele sind mit einer großen Klappe am Ende auf dieselbe gefallen. Wer nicht mit seinen Beinen und absoluter Stärke glänzen kann, muss den Nachteil mindestens durch eine gute Portion Bauernschläue ausgleichen. Damit meine ich gar nicht die fiesen Tricks unter der Gürtellinie, illegale Sabotage oder kriminelle Handlungen, sondern einfach gute Ideen, wie Sie Ihrem Wettbewerb ein Schnippchen schlagen.

Ihr großer Vorteil: Ihre Marktbegleiter ruhen sich auf ihrer vermeintlichen Stärke aus. Nutzen Sie diese Phase und übertrumpfen Sie den Wettbewerb mit guten Ideen. Es ist manchmal so leicht, neue Kunden zu gewinnen, gerade weil andere Unternehmen einfach schnarchen. Häufig genügt es doch schon, aktiver zu sein, anders zu sein, mehr (positiv) aufzufallen als alle anderen, um neue Kunden zu gewinnen. Und wo das noch nicht ausreicht, gibt es auch wieder Wege, um noch die eine oder andere Schippe draufzulegen.

Der Igel hat nicht eine Sekunde darüber nachgedacht, tatsächlich einen Lauf gegen den Hasen zu bestreiten. Er erbittet sich noch ein wenig Zeit und denkt in Ruhe über eine geeignete Strategie nach. Er ist schlau genug, sich nicht zum Bauernopfer zu machen, sondern wählt einen alternativen, unkonventionellen und innovativen Ansatz.

Im Igel-Faktor zeige ich Ihnen neue Herangehensweisen zur Neukunden-Gewinnung, über die Ihr Wettbewerb vielleicht noch gar nicht nachgedacht hat, geschweige denn darin eine Möglichkeit zu einem effektiven Vorgehen sieht. Viele Funktionen des sogenannten „Web 2.0“, mit denen wir uns im Laufe dieses Buches beschäftigen werden, sind häufig noch gar nicht bekannt. Nur wenige haben eine Ahnung, wie leicht sich dadurch neue Käufergruppen erschließen und Umsätze erzielen lassen.

Seien Sie schlau wie der Igel und lassen Sie sich nicht auf einen unfairen Wettlauf gegen die alten Hasen Ihrer Branche ein. Nutzen Sie stattdessen innovative und unkonventionelle Strategien zur Neukunden-Gewinnung, um am Ende den Sieg davonzutragen.

Der Igel setzt auf Teamwork

Der Igel hat sich verbündet. Wer das Märchen der Gebrüder Grimm im Original liest, wird bei der Art und Weise des Umgangs mit seiner Frau vielleicht ein wenig schlucken müssen, aber heute sind die Zeiten ja zum Glück etwas anders und ich will das Einbinden der Igelfrau in den feisten Plan mal ganz euphemistisch als „Teamwork“ bezeichnen.

Geteiltes Leid ist halbes Leid, geteilte Freude ist doppelte Freude. „Vergnügt gingen beide nach Hause“, heißt es am Ende des Märchens. „Und wenn sie nicht gestorben sind, dann leben sie noch heute.“ Der Igel hat erkannt, dass er den Wettlauf gegen den Hasen unmöglich alleine gewinnen kann. Für seine Strategie ist es sehr wichtig, sich einen Partner, respektive eine Partnerin, zu suchen und sich gemeinsam dieser Herausforderung zu stellen.

Machen Sie es wie der Igel: Verbünden Sie sich und arbeiten Sie im Team an der erfolgreichen Neukunden-Gewinnung. Den Anfang haben Sie mit dem Lesen dieses Buches bereits getan. Dass Sie den Igel-Faktor in der Hand halten, ist ein sehr guter Schritt hin zu einem erfolgreichen Online-Marketing. Es ist schließlich noch kein Meister vom Himmel gefallen!

Suchen Sie aber auch gezielt nach Kooperationsmöglichkeiten. Sie sind mit der Herausforderung Neukunden-Akquise ja nicht allein. Jeder Unternehmer muss neue Kunden gewinnen, will er langfristig erfolgreich sein. Das Internet bietet hervorragende Möglichkeiten, sich auch online gegenseitig zu helfen.

Kommunizieren Sie Ihre Strategie und feiern Sie gemeinsam Ihren Erfolg! Suchen Sie sich Mitstreiter, mit denen Sie sich über Ihre Vorgehensweise zur Akquise im Internet austauschen. Holen Sie sich Feedback zum Aufbau und zur Darstellung Ihrer Website. Lassen Sie sich regelmäßig von Fachleuten beraten oder investieren Sie – abhängig von Ihrem Ziel und Ihren finanziellen Möglichkeiten – ein monatliches Budget in eine professionelle Betreuung Ihrer Website.

Wenn Sie Rückmeldungen von Interessenten erhalten oder Kunden gewinnen, dann feiern Sie mit Ihren Partnern und genießen Sie den Erfolg. Ziehen Sie aus diesen Erlebnissen neue Motivation für die nächste Runde – vergessen Sie bei aller Freude nicht die Stärke des Hasen: Ausdauer und Siegeswillen. Nach der Neukunden-Gewinnung ist vor der Neukunden-Gewinnung. Insofern lassen Sie uns im nächsten Kapitel doch einfach direkt ins Thema springen …

Checkliste „Was wir von Hase & Igel lernen können"

	Fragen	Ja	Nein	Notizen
1.	Kennen Sie Ihre Stärken?			
2.	Kennen Sie Ihre Qualitäten gegenüber Ihren Mitbewerbern?			
3.	Besitzen Sie die Bereitschaft, das Internet für sich gewinnbringend zu nutzen?			
4.	Haben Sie wirklich schon „langen Atem" bewiesen?			
5.	Wissen Sie, welche Marketing-Instrumente Ihnen im Internet zur Verfügung stehen?			
6.	Haben Sie gute und seriöse Partner, mit denen Sie Ihre Website weiter nach vorne bringen und gemeinsam Erfolge feiern?			
7.	Spiegelt Ihre Website bereits wider, dass Sie schlau und kompetent sind?			
8.	Sind Sie im Internet bereits bekannt wie ein bunter Hund?			
9.	Vermitteln Sie Ihre Schlauheit bereits über die richtigen Inhalte (Bilder, Texte und eine clevere Website)?			
10.	Können Sie sich vorstellen, bereits mit wenigen seriösen Tricks große Erfolge im Internet zu feiern?			

Wenn Sie mehr als drei Fragen mit „Nein" beantwortet haben, können Sie sowohl vom Hasen als auch vom Igel noch eine Menge lernen. Aber halten Sie bei Ihrem Lauf auf dem virtuellen Steckrübenfeld immer mal wieder inne, um Ziele für Ihren Internetauftritt zu formulieren. Lassen Sie sich unter Umständen professionell beraten, wie Sie diese Ziele erreichen können.

Der Lauf auf dem Steckrübenfeld – 73 Runden, um die Sichtbarkeit Ihres Unternehmens im Internet zu erhöhen

So lief der Hase dreiundsiebzigmal, und der Igel hielt immer mit. Und jedesmal, wenn der Hase oben oder unten am Ziel ankam, sagten der Igel oder seine Frau: „Ich bin schon da." Beim vierundsiebzigsten Male aber kam der Hase nicht mehr ans Ziel. Mitten auf dem Acker fiel er zu Boden, das Blut floß ihm aus der Nase, und er blieb tot liegen.

Ganze 73 Runden hat der Hase den Wettlauf durchgehalten, bis er tot zu Boden sinkt. 73 Runden lang haben der Igel und seine Frau mit ihrer List den Hasen an der Nase – oder besser gesagt: an seinen langen Ohren – herumgeführt. 73 Runden hat es gedauert, bis die Strategie des Igels aufgegangen ist.

Keine Frage: Neukunden-Gewinnung im Internet ist kein Spaziergang. Es ist ein harter Wettkampf mit echten Gegnern (Ihr Wettbewerb), echten Einsätzen (Ihr Geld, Ihre Zeit) und echten Erfolgsmöglichkeiten (Ihre neuen Kunden mit neuen Umsatzpotenzialen). Wir sprechen nicht über schnelle Lösungen, die Sie an einem langen Wochenende oder zwischen zwei Meetings in die Tat umsetzen.

Es geht im Igel-Faktor auch nicht um Geschmack oder die Frage, welche Website schicker oder funktionaler ist. Die Besucher entscheiden, wie schnell sie mit ihren flinken Füßen, das heißt ihren Mäusen und Tastaturen, auf Ihrer Website landen und wie viele Haken sie dort schließlich schlagen. Professionelles Webdesign ist messbar – Sie messen es in Form von „Conversions", das heißt dem Faktor von Besuchern, die auch tatsächlich zu Interessenten (Leads) oder Kunden werden.

Sie merken vielleicht schon, dass wir beim Thema Neukunden-Gewinnung über die Kirsche auf der Sahnetorte sprechen. Apfelkuchen und Streuselkuchen können viele. Jeder kennt einen Schwipp-Schwager, der als Informatiker arbeitet, oder hat einen Cousin, der schon mal eine Website selbst erstellt hat. Viele verwechseln die Bereitstellung eines Internetauftritts mit einem zielführenden Ergebnis, das tatsächlich für neue Kunden sorgt. Nutzen Sie die 73 Runden über das virtuelle Steckrübenfeld, um einen Eindruck von den Möglichkeiten und Herausforderungen der Neukunden-Gewinnung im Internet zu erhalten. Der besseren Übersicht halber habe ich die 73 Runden in die folgenden Haupt-Abschnitte eingeteilt:

3. **Jede Website braucht einen Plan**
   Aufwärmphase (Runde 1 bis 7)

4. **Sichtbarkeit im Internet erhöhen**
   Hürdenlauf (Runde 8 bis 13)

5. **Suchmaschinen-Optimierung**
   Zwischenspurt (Runde 14 bis 31)

6. **Content Management Systeme**
   Extrarunde (Runde 32 bis 36)

7. **Neukunden-Gewinnung im Web 2.0**
   Ausdauerlauf (Runde 37-52)

8. **Social Media und Reputationsmanagement**
   Lockeres Auslaufen (Runde 53-62)

9. **Aus Besuchern Kunden machen**
   Schlussspurt (Runde 63-73)

3. Aufwärmphase (Runde 1 bis 7) – Jede Website braucht einen Plan

Die meisten Mittelständler und Einzelkämpfer brauchen keine Website. Sie brauchen überhaupt erst einmal einen Plan davon, wie sie zu Kunden kommen und ihr Geschäft entwickeln können. Diese Erkenntnis ist nicht auf meinem Mist gewachsen (auch wenn ich sie absolut unterstütze!), sondern stammt von Martina Bloch, einer Akquise-Expertin, die seit fast zehn Jahren Einzelkämpfern und der Industrie im schwierigen Feld der Neukunden-Gewinnung auf die Sprünge hilft.

Mein Blogger-Kollege und Namensvetter Thomas Scheuer, der sich auf Dienstleistungsmarketing spezialisiert hat, berichtet in seinem Weblog regelmäßig von den fruchtlosen Bemühungen kleiner und mittelständischer Unternehmen, sich ohne Strategie und Vorbereitung durch den Werbedschungel zu schlagen. Gerold Braun, selbstständiger Akquise- und Marketingberater, beschreibt in seinen Newslettern und Fachartikeln das gleiche Bild: Vielen Unternehmen fehlt eine klare Strategie, wie sie neue Kunden gewinnen.

Neukunden-Akquise wird für viele als Last empfunden. Sie hängt wie ein unnötiger Kropf am Tagesgeschäft von Unternehmen und lässt sich nur schwerlich abschütteln. Vor allem die als „Kaltakquise" bezeichnete Erstansprache eines potenziellen Kunden, zu dem bisher keine Geschäftsbeziehung besteht, ist für viele Unternehmen eine Horrorvorstellung. Dabei ist der Begriff „Akquise" zunächst einmal ganz wertneutral und bedeutet schlichtweg „Kundenwerbung".

Ein Trainer berichtete mir, dass er seit nunmehr über 25 Jahren für Führungskräfte und Manager tätig sei. Er weiß, wie der Hase läuft. Seine Trainings kommen äußerst gut an. Doch bei der Akquise neuer Kunden tut er sich noch immer schwer. „Wer nicht wirbt, der stirbt" lautet eine Binsenweisheit, die vielen Unternehmern wie ein schwerer Rucksack auf den Schultern hängt. Es mangelt nicht an Intellekt, es mangelt auch nicht an der Motivation für das eigene Geschäft. Viele wissen einfach nicht, wie sie sich erfolgreich verkaufen.

Warum erzähle ich Ihnen diese Geschichten? Ich bin überzeugt, dass ein dauerhafter Geschäftserfolg im Internet und anderswo nur möglich ist, wenn man sich aktiv mit Fragen des Verkaufens auseinandersetzt. Wer keine Vorstellung davon hat, was er wem wann verkaufen möchte, wird auch im Internet nicht punkten. Im Gegenteil, er verschwendet nur noch mehr Zeit und Ressourcen und gibt sich der Illusion hin, dass es schon irgendwie klappen wird. Die Erfahrung zeigt aber, dass es nicht klappt.

Wer im Internet Geschäfte machen möchte, der sollte sich daher vorab folgende Fragen stellen:

- Wer sind wir?
- Was bieten wir an?
- Was machen wir anders als andere?
- Wieso sollten neue Kunden bei uns kaufen oder uns beauftragen?

Wer sich mit diesen Fragen (noch) nicht beschäftigt hat, für den wird schnell klar, dass es eine Internetseite allein auch nicht richten kann. Denn sie ist immer nur ein Instrument auf dem Weg zum Geschäftserfolg.

Viele Unternehmen, besonders wenn sie neu am Markt sind, aber interessanterweise auch alte Hasen, betreiben ihr Geschäft nicht planmäßig, sondern nach der Devise „Ich nehme alle Aufträge, die ich bekommen kann". Dieses Wurschteln ist auch irgendwie bequem. Falscher Aktionismus führt aber nur in den wenigsten Fällen zu einem langfristigen Erfolg. Mit unternehmerischem Denken hat diese Einstellung nichts zu tun.

Begreifen Sie daher das Internet und Ihre Website als echte Chance, einmal kritisch über Ihr Angebot und Ihre Produkte nachzudenken. Das lohnt sich und bringt mehr, als sich lange darüber zu streiten, ob auf die Website eine Flash-Animation gehört oder welche Farben im Menü auftauchen sollten.

Die Hauptsache ist, dass die Hauptsache die Hauptsache ist. Schließlich ist die Konkurrenz im Internet besonders groß. Es gibt garantiert jemanden, der sich bereits Gedanken gemacht hat, wie er zu Kunden kommen kann, seine Website entsprechend gestaltet und genau die Kunden erreicht, die Sie eigentlich gerne hätten. Platte Werbephrasen wie „Wir bieten perfekte Leistungen und mehr ..." funktionieren im Internet genauso wenig wie anderswo. Wer ins Web nur das Spiegelbild seines sonstigen Tuns transportiert, wird online nicht erfolgreicher als offline; leider ist allzu oft das Gegenteil der Fall.

Doch wie sieht der richtige Plan fürs Internet aus?
Was soll eine Website idealerweise erreichen? Wenn ich meine Kunden direkt nach ihren Wünschen frage, steht der Wunsch nach vielen Besuchern ganz oben. Denn wer viele Besucher auf seinen Seiten hat, gewinnt auch viele Kunden, so jedenfalls die Hoffnung.

Wunsch und Wirklichkeit liegen leider nicht immer besonders dicht beieinander. In der Praxis zeigen die Statistiken vielleicht ein paar hundert Besucher, die sich pro Tag auf den Seiten tummeln, doch leider passiert nichts. Das Telefon steht still („Kein Schwein ruft mich an ...") und auch per Kontaktformular und angegebener E-Mail-Adresse kommen nur wenige Anfragen herein. Trotz aller Bemühungen ergeben sich keine neuen Aufträge.

Was Unterrnehmen brauchen, ist ein gutes Verhältnis von Besuchern („Traffic", engl. Verkehr) zu Interessenten zu Anfragen zu Aufträgen. Die Online-Profis sprechen hier von der „Conversion Rate" (engl., Umwandlung von

Besuchern in Kunden und Aufträge). Bei erfolgreicher Neukunden-Gewinnung im Internet geht es eben nicht (nur) um Besucherzahlen. Selbstverständlich sind hohe Zugriffe ein guter Anhaltspunkt für den Erfolg einer Website, aber am Ende zählen die Anfragen und die Aufträge, die direkt oder indirekt über die Website zustande kommen.

Stellen Sie sich daher vor irgendwelchen technischen Belangen oder Designüberlegungen die Frage, welche konzeptionellen Voraussetzungen Ihren Geschäftserfolg im Internet positiv beeinflussen:

- Haben Sie ein klares Profil?
- Können Sie die Zielgruppe Ihrer Website beschreiben?
- Welchen Nutzen werden Ihre Besucher von Ihrer Website haben?
- Genügt Ihre Website den Ansprüchen an ein professionelles „Corporate Design"?
- Können Sie Persönlichkeit zeigen, um sich von anderen Angeboten zu unterscheiden?

Erst nach Klärung dieser Fragen sollten Sie sich damit beschäftigen, wie Ihre Seite besser gefunden werden kann. Denn sonst ist die Gefahr groß, dass Sie nur Traffic, aber keine Kunden bekommen. Außerdem bin ich überzeugt, dass ein schlechter Internetauftritt mehr schadet als nur eine minimale oder keine Website zu haben. Deshalb kann ich nur dringend empfehlen, sich für die Planung und Vorbereitung einer Internetseite ausreichend Zeit zu nehmen.

Runde 1 – Profilieren Sie sich!

Der Hase kennt seine Stärke, hatten wir in der Einführung gelesen. Die Frage, worin Ihre Stärke besteht, hatte ich logischerweise direkt angeschlossen. Haben Sie diese Frage schon für sich beantwortet? Haben Sie mit anderen Menschen aus Ihrem Umfeld darüber gesprochen? Wissen Sie mit

Bestimmtheit, worauf Sie sich verlassen können, wenn Sie den Lauf auf dem virtuellen Steckrübenfeld beginnen? Ist es nur der günstigste Preis, der Sie vom Wettbewerb unterscheidet, oder eine besondere Spezialisierung? Haben Sie einen Service anzubieten, den Ihr Wettbewerb nicht leisten kann?

Die Untersuchung von außergewöhnlichen geschäftlichen Erfolgen hat zur Theorie der sogenannten „Engpasskonzentrierten Strategie“ (EKS) geführt. Prof. Wolfgang Mewes hat dieses Modell entwickelt, mit dem er zeigt, dass sich Unternehmen besonders dann erfolgreich positionieren, wenn sie sich auf Engpässe konzentrieren. Einige Beispiele:

Erfolgsnische Stadtauto
Als erfolgreiches Stadtauto konnte sich der SMART vor allem deshalb durchsetzen, weil er wenig verbraucht und in jede Parklücke passt. Außerdem bietet seine Karosserie eine ideale Fläche für eine auffällige Fahrzeugbeschriftung. Raten Sie mal, wieso so viele Pflegedienste und Kurierservices diesen Stadtflitzer nutzen!

Erfolgreich als Friseur für Standardmännerhaarschnitte
In meiner Studienzeit hatte ich einen Friseur, der sich ausschließlich auf Männerhaarschnitte ohne Voranmeldung beschränkte. Dauerwellen, Strähnchen und andere Dinge bot er einfach nicht an. Mein Vorteil: Ich konnte jederzeit zwischendurch dorthin gehen, ohne lange warten zu müssen. Natürlich habe ich allen (männlichen) Studienkollegen diesen Friseur empfohlen.

Erfolgreich als Abholmöbelmarkt
Wenn ich günstige Möbel suche, muss ich beim Einkauf im „blau-gelben Riesen“ zwar selbst schrauben, kann die schwedischen Schätzchen aber in flachen Kartons direkt mit nach Hause nehmen.

Anders als beim viel zitierten „Bauchladen“ an Angeboten und Produkten wissen Ihre Kunden bei einer Spezialisierung genau, was sie von Ihnen erwarten können. Nutzen Sie diesen Vorteil, um neue Kunden zu gewinnen!

Wer nun um seine Stärke weiß, muss diese auch auf seiner Website klar und verständlich kommunizieren. Beantworten Sie dazu die folgenden Fragen:

- Wie sehe ich mich/mein Unternehmen?
- Wie werde ich/mein Unternehmen von anderen gesehen?
- Wie möchte ich, dass andere mich/mein Unternehmen sehen?

Wer im Internet Kunden gewinnen möchte, muss nicht nur um seine Stärken wissen, er muss sein eindeutiges Profil auch erkennen lassen. Die Profilierung steht am Anfang einer jeden Marketing-Strategie.

Zu einer umfassenden Profilierung gehört es, sich sicher zu werden, was Ihr Gegenüber (der potenzielle Kunde) von Ihnen erwarten kann. Natürlich hat dies Konsequenzen für Ihren Internetauftritt: Ist Ihr Produkt oder Ihre Dienstleistung für den direkten Vertrieb über das Internet ungeeignet, stehen ganz andere Faktoren im Vordergrund als wenn Sie einen Online-Shop betreiben. Können Sie Ihr Produkt insbesondere deutlich günstiger anbieten als der Wettbewerb, sollten Sie diesen Faktor stärker betonen als alles andere. Handelt es sich bei Ihrem „Produkt“ um eine unsichtbare Dienstleistung, müssen Sie Mittel und Wege finden, diese im Internet sichtbar zu machen. Möglicherweise entwickeln Sie eine aussagekräftige Analogie oder finden gute Bilder, die den Nutzen Ihres Angebots beschreiben.

Beschäftigen Sie sich mit Ihren Stärken. Formulieren Sie klar und deutlich, was Sie von anderen unterscheidet.

Bevor Sie von Ihrer Website erwarten, dass diese wie ein guter Vertriebsmitarbeiter funktioniert, müssen Sie Ihr Angebot in einer leicht verständlichen Form kommunizieren können. Deutliche Profilierung ist der erste Schritt zu neuen Kunden.

Die besonderen Stärken unseres Unternehmens sind:

INTERVIEW MIT VERTRIEBSBERATER WOLFGANG MAHANTY/KARLSRUHE

Herr Mahanty, Sie beraten Unternehmen als Marketingfachmann. Wieso ist eine eindeutige Profilierung so wichtig?

Aufgrund seines Profils passt ein Schlüssel in bestimmte Schlösser und in andere nicht. Wenn ich das Profil eines Schlüssels nicht kenne, weiß ich auch nicht, in welche Schlösser er passt. Die Suche nach dem richtigen Schloss kann sehr langwierig und frustrierend sein. Andersrum ermöglicht die eindeutige Definition und Formulierung des Profils meinen Kunden, sich bereits im Vorfeld zu vergewissern, dass der Schlüssel ins Schloss passt.

Welche Rolle spielen Werte bei der Erarbeitung eines Unternehmensprofils?

Werte treiben Menschen an und prägen sie. Sie zeigen, was mir wirklich wichtig ist. Das merken auch die Kunden und können dadurch erkennen, ob eine Zusammenarbeit Sinn macht oder sich die Werte zu stark voneinander unterscheiden. Geht es mir nur ums schnelle Geld, oder bin ich von professionellem Kundenservice und einer überdurchschnittlichen Garantie überzeugt? Wer positive Werte lebt und hinter seinen Angeboten steht, erhält ein klares Profil und sticht insbesondere in der heutigen Zeit, wo Werte immer mehr an Bedeutung verlieren, aus der Masse vergleichbarer Unternehmen heraus.

Wie drückt sich die Profilierung auf einer Internetseite aus?

Durch eine eindeutige Profilierung erkennen auch Besucher im Internet, wofür das Unternehmen wirklich steht. Verzichten Sie auf Schlagwörter und hohle Phrasen wie „bester Preis", „beste Qualität" und „bester Service", solange Sie diese nicht durch gelebte Kundenvorteile belegen können. Beschreiben Sie hingegen den Nutzen, den ein Kunde von Ihrem Angebot hat, und welche Werte Ihnen in einer Geschäftsbeziehung wichtig sind, erzeugen Sie Vertrauen und werden authentisch. Der Zeitaufwand, sich mit seinem Profil zu beschäftigen, hilft Ihnen dabei, die richtigen Schlösser (Kunden) für Ihr Angebot (Schlüssel) zu finden.

Runde 2 – Definieren Sie eine geeignete Zielgruppe!

Wer die Gelben Seiten liest, mag über die Vielfalt unterschiedlicher Unternehmungen den Kopf schütteln. Es gibt ja wirklich Firmen, „die gibt's gar nicht". Aber es besteht eben auch für diese Firmen Nachfrage durch eine Kundengruppe, die in speziellen Angeboten oder Produkten ihre Bedürfnisse befriedigt. So unterschiedlich die Unternehmen sind, so unterschiedlich sind auch die Zielgruppen, die es zu erreichen gilt. Ich bin mir sicher, dass es für Ihre Dienstleistung oder Ihr Produkt eine Gruppe von Menschen gibt, denen vielleicht nur Sie weiterhelfen können.

Wer über das Internet Kunden gewinnen möchte, sollte nicht auf alles und jedes schießen, was ihm vor die Flinte kommt. Richten Sie die Inhalte, den Aufbau und die Gestaltung Ihrer Website insbesondere auf die erwünschte Zielgruppe aus, um den größtmöglichen Erfolg zu haben. Wichtig ist also – Sie merken es bereits – seine Zielgruppe genauestens zu kennen.

Richtet sich Ihr Angebot an Kinder und Jugendliche oder an Senioren? Vertreiben Sie ein hochpreisiges Produkt für die „oberen Zehntausend"? Bieten Sie einen Massenartikel an, den jeder benötigt? Gehört ein spezieller Teil der sogenannten Wissensgesellschaft zu Ihren Kunden oder sind es Menschen aus sozial schwachen Milieus? In der Zielgruppenanalyse werden die potenziellen Kunden nach verschiedenen Faktoren segmentiert. Die Liste der Kriterien ist schier unendlich. Sie reicht vom Alter, dem Geschlecht, der Geografie, dem Einkommen, der Bildung bis hin zu den Interessen, Hobbys und Wünschen für die Zukunft.

Trotz dieses besseren Wissens erstellen Unternehmen allzu häufig eine Website, die sich an möglichst viele Gruppen gleichzeitig wenden soll. Ich spreche hier gerne von „5-Prozent-Befriedigung". Anstatt eine Zielgruppe zu 100 Prozent anzusprechen, werden 20 mögliche Zielgruppen zu 5 Prozent ins Visier genommen. Doch damit erreichen Sie nicht, dass neue Kunden in

Strömen zu Ihnen kommen. Richten Sie Ihre Website auf eine oder maximal zwei Zielgruppen aus und orientieren Sie sich an deren Vorkenntnissen, Erwartungen und Bedürfnissen.

Es ist doch ganz klar, dass eine Website, die sich an junge Leute richtet, anders gestaltet und getextet werden muss als ein Informationsportal für Senioren. Auch die Darstellung (Aufbau, Struktur, Schriftgröße usw.) unterscheidet sich allein aufgrund des Alters der Besucher maßgeblich. Mit einer Sprache auf *BILD-Zeitungs*-Niveau werden Sie bei Akademikern kein Vertrauen für eine spezielle Dienstleistung aufbauen. Wie wollen Sie gleichzeitig Arbeit suchende Schulabbrecher informieren?

Sie merken schon, worauf es hinausläuft: Wenn Sie mit Ihren Angeboten verschiedene Zielgruppen erreichen wollen, dann müssen Sie mehrgleisig fahren, das heißt verschiedene Internetseiten online publizieren. Beginnen Sie mit Ihrer wichtigsten Zielgruppe und erweitern Sie Ihr Online-Angebot Schritt für Schritt um weitere Seiten, die andere Kunden ansprechen. In jedem Fall ist es besser, sich auf eine spezifische Zielgruppe zu konzentrieren, die Sie bedürfnisorientiert abholen, als möglichst viele Kunden unter einen viel zu kleinen Hut zu pressen. Formulieren Sie daher genau, wie Ihre Zielgruppe aussieht:

Meine bevorzugte Zielgruppe lässt sich wie folgt beschreiben:

Runde 3 – Spezialisierung steigert die eigene Attraktivität

Wer über die richtige Profilierung nachdenkt, dem kommt üblicherweise zunächst in den Sinn, besser sein zu müssen als die anderen. Mehr Geld und Zeit zu investieren oder sogar äußerst radikal vorzugehen, um das gesteckte Ziel zu erreichen. Ich zeige Ihnen eine weitere Alternative, mit der Sie sicher sein können, bei der Online-Akquise nicht aus der Puste zu kommen.

Beispiel: Wollen Sie die Torte oder Krümel?

Stellen Sie sich bitte verschiedene Kuchensorten vor. Einen Apfelkuchen, einen Käsekuchen und eine Schwarzwälder Kirschtorte. Diese Kuchen stellen sinnbildlich Ihre potenziellen Kunden mit unterschiedlichen Geschmäckern dar. Sie werden mir zustimmen, dass es für jeden Kuchen eine bestimmte Anzahl von Abnehmern gibt, je nach Zielgruppe und deren Geschmack. So könnte der Apfelkuchen größer sein und dadurch mehr Menschen satt machen als etwa der Käsekuchen.

Viele Unternehmer versuchen nun, sich ebenfalls beim Verkauf von Apfelkuchen zu engagieren, müssen dabei aber feststellen, dass für sie nur noch wenige Krümel übrig geblieben sind. Die großen Stücke sind längst vom Wettbewerb verteilt worden. Es gibt zwei Möglichkeiten: Beim nächsten Mal legen Sie sich noch mehr ins Zeug, um Ihren Anteil am Apfelkuchen zu vergrößern (Marktanteile erobern), oder Sie backen einen anderen Kuchen (neue Märkte erschließen).

Ähnlich verhält es sich bei der Ausrichtung Ihrer Website. Sie können Ihre Sichtbarkeit im Internet entweder mit sehr viel Mühe auf einem sehr populären Themengebiet erhöhen – dazu müssen Sie „einfach nur" sehr viel mehr investieren als der ohnehin schon starke Wettbewerb – oder Sie suchen sich ein Thema, das Ihr Wettbewerb noch nicht besetzt hat. Wir sprechen hier von einer „Nische" oder einem Kernthema.

Suchmaschinenoptimierung für Lebensversicherungen
Ein konkretes Beispiel aus dem Bereich der Suchmaschinen-Optimierung: Es erfordert mehr Aufwand, eine Website bei Google für den Begriff „Versicherung" zu positionieren als für die Begriffskombination „Rentenversicherung München" oder „Lebensversicherung Stuttgart".

Ich empfehle jedem Neueinsteiger, sich zunächst auf eine bestimmte Nische zu spezialisieren. Der Aufwand zur Optimierung Ihrer Website ist deutlich geringer als wenn Sie immer nur den bereits verteilten „Kuchenstücken" hinterherlaufen. Um es mit einem anderen Bild zu sagen: Wenn ich in einer Gruppe von Menschen mit grünen Jacken auffallen möchte, kann ich entweder lauter rufen als die anderen oder einfach eine leuchtend rote Jacke anziehen.

Natürlich suchen viele Menschen nach einzelnen Hauptbegriffen, doch die Spezialisierung auf eine Gruppe von sehr konkreten Begriffen bietet einige Vorteile:

Aufwand und Nutzen. Für eine Optimierung eines sehr allgemeinen Begriffs wie „Versicherung" müssen Sie ein Vielfaches an Aufwand treiben (und damit Zeit und Geld investieren), als für eine ganze Reihe von detaillierten Suchwörtern. Wenn Sie ganz realistisch darüber nachdenken, stellen Sie fest: Es lohnt sich einfach nicht. Also lassen Sie es bleiben, und schon können Sie wieder ruhig schlafen.

Konkrete Interessen bedienen. Wer ganz allgemein nach „Versicherung" sucht, will sich entweder generell über Versicherungsmöglichkeiten informieren, braucht aber vielleicht auch einen neuen Job in der Branche oder weiß noch nicht genau, was er will. Wenn ein Besucher aber auf Ihre Seite stößt, weil er „Rechtsschutzversicherung für mittelständisches Unternehmen" in der Suchmaschine eingegeben hat, hat er ein konkretes Interesse.

Sie erhalten damit eine sehr viel bessere Chance auf einen Vertragsabschluss als bei einer allgemeinen Anfrage. Die würde zwar mehr Besucher auf Ihre Seite spülen, aber in den meisten Fällen finden diese nicht, was sie suchen.

Profilierung durch einzigartige Kommunikation. Eine Alternative zur Profilierung durch ein spezielles Angebot kann die Profilierung über die Kommunikation oder besser eine unterscheidbare Wahrnehmung beim Kunden sein. Die Profis der Markenführung bei Milka (lila Kuh), Coca Cola (Flaschenform), Rügenwalder (Wurst mit der Mühle) zeigen, dass auch eine Profilierung über die Kommunikation möglich ist. Sie können diesen Weg wählen – aber machen Sie es professionell! Es ist nicht alles einfach, was einfach aussieht.

Im Vordergrund dieser Profilierung durch einzigartige Kommunikation steht die Wiedererkennung. Sie macht für Sie allerdings nur dann Sinn, wenn Sie wirklich regelmäßig Werbung bei Ihrer Zielgruppe platzieren können. Dann kann eine solche Profilierung zu einem Wettbewerbsvorteil führen. Für viele meiner Kunden eignet sie sich leider nicht, da es genau an der Regelmäßigkeit von werblichen Veröffentlichungen mangelt. Aufgrund fehlender Budgets gibt es keine regelmäßige Werbung und bei niemandem könnte sich etwas einprägen.

Profilierung als Fachmann für ein Thema. Sich einer Nische und einem ganz speziellen Thema zu widmen, scheint für viele Unternehmer unvorstellbar zu sein. Sie wollen am liebsten alles anbieten und verkaufen können. Und so zeigt sich auf vielen Websites ein wahrer Bauchladen – „Seht her, wir können alles! Wir machen alles! Wir schaffen alles!“ Wenig vertrauenerweckend, wenn Sie mich fragen.

Ich will ganz ehrlich sein: Auch mir fällt es zuweilen schwer, mich zu fokussieren. Wir bieten als „Full-Service-Werbeagentur" eine ganze Reihe von Leistungen an, aber es war für mich in unserer Entwicklung auch eine Herausforderung, mich auf ein Kernthema zu beschränken. Wir sind Spezialisten für *Neukunden-Gewinnung im Internet*. In diesem Thema steckt für mich am meisten Leidenschaft und Begeisterung. In dieser Nische will ich als Fachmann wahrgenommen werden. Dass wir darüber hinaus auch Anzeigen, Drucksachen und andere Werbemittel entwickeln, spielt für unsere Außenwerbung eine untergeordnete Rolle.

Denn das ist der große Vorteil einer Nischen-Konzentration: Sie werden tatsächlich Spezialist auf einem sehr konkreten Gebiet und erhalten dadurch ein sehr deutliches Profil. Ihre Kunden wissen, woran sie sind und was sie von Ihnen erwarten können. Machen Sie sich diese Profilierung als Spezialist zunutze, um genau die Kunden zu gewinnen, die nach Ihnen suchen.

Meine bevorzugte Spezialisierung lässt sich wie folgt beschreiben:

Runde 4 – Nutzenformulierung statt Bullenschau

Ich bin zwar auf dem Land groß geworden, aber einer Bullenschau kann ich nicht sonderlich viel abgewinnen. Den ganzen Tag lang auf dem Viehmarkt stehen und die besten Exemplare für eine mögliche Zucht begutachten – irgendwie nicht mein Ding. Doch im geschäftlichen Umfeld habe ich oft den Eindruck, mich mitten auf dem Viehmarkt zu befinden und bei einer Bullenschau dabeizusein. Kommt Ihnen eine Selbstdarstellung wie diese vielleicht bekannt vor?

„Unser Familienbetrieb sorgt für erstklassigen Service, Spitzen-Qualität und zuverlässige Lieferung. Wir sind ISO-zertifiziert, bilden unsere Mitarbeiter ständig weiter aus und können stolz auf über 40 Jahre Firmengeschichte verweisen."

Im Märchen vom Hasen und vom Igel klingt es ebenfalls ziemlich nach „dicker Hose": Auf seine krummen Beine angesprochen, entgegnet der Igel: „Du bildest dir wohl ein, du könntest mit deinen Beinen mehr ausrichten?" „Das will ich meinen", antwortete der Hase und legte es damit auf einen Wettkampf an. Er wusste um seine Schnelligkeit und Stärke. Den Igel zu besiegen, würde ein Leichtes sein. „Ich habe die stärksten Beine, ich kann am besten springen, in meinem Garten wachsen die saftigsten Karotten."

Mein Haus, mein Auto, mein Boot. In ganz ähnlicher Form präsentieren sich viele Internetseiten kleiner und mittelständischer Unternehmen. Auf diesen Websites dreht es sich um die Geschichte, die Leistungen und Service-Angebote des präsentierenden Unternehmens. Ich kann mich über Produkte, Projekte und Partner informieren, erfahre mehr über spezielle Verfahren und Abläufe. Doch häufig vermisse ich Informationen darüber, was ich – als wichtiger Kunde – von diesen hochtrabenden Beschreibungen habe. Sprechen Sie daher nicht nur über sich, sondern formulieren Sie, welchen Nutzen Sie Ihren Zielkunden bieten können.

Negatives Beispiel für eine leistungsorientierte Website

Auf der Website eines Kollegen aus der Medienbranche bin ich auf eine Aufzählung von technischer Ausstattung gestoßen. Dort heißt es: „Professionelles Arbeiten erfordert professionelle Ausstattung, die einerseits flexibel anzuwenden ist und andererseits dem aktuellen technischen Stand entspricht. Unser Equipment und das unserer Partner erfüllt diese Anforderungen." Aufgezählt werden dann im Detail ein PC-Schnittplatz und die Spezifikation mehrerer Grafik-PCs, Flachbildschirme, allerlei technische Informationen in Hülle und Fülle zur Ausrüstung des Medienschaffenden.

Selbstverständlich ist dieses Equipment notwendig, um Kundenwünsche umfassend zu bedienen. Doch ich frage mich, welcher potenzielle Kunde sich dafür interessiert, ob die Ausrüstung „DVCAM-kompatibel" ist oder „BBS-Erkennung" besitzt. Welchen Nutzen soll der Endanwender, der selbst nicht Experte oder Hobby-Techniker ist, von der Information haben, dass mein „DVD-Multiformat-Brenner" über eine „Lightscribe-Technologie" verfügt?

Wen interessiert es, ob eine Internetagentur PHP und MySQL im Schlaf beherrscht oder deren Mitarbeiter bei Begriffen wie AJAX, Flash und ActionScript glänzende Augen bekommen? Kunden eines Grafikbüros wollen typischerweise nicht wissen, ob Layouts mit „InDesign" oder „Illustrator" erstellt werden, sondern ob Vorlagen einheitlich, professionell und wirkungsvoll gestaltet werden.

Kunden einer Werbeagentur wollen neue Kunden gewinnen, bestehende Kunden binden, sich bei ihren Geschäftspartnern beliebt machen oder dem Wettbewerb eins auswischen. Die Motive, Wünsche und Ziele mögen noch so verschieden sein; gemein ist ihnen, dass eine Werbeagentur in ihrer Leistungsbeschreibung darstellen sollte, wie sie Bedürfnisse ihrer Kunden erfüllen kann. Das ist ihr Nutzen für den Kunden, dafür wird sie beauftragt.

Ein Friseur sollte nicht mit einer „Dauerwelle" werben (Leistung), sondern mit einem „frischen Aussehen" oder einem „gesteigerten Wohlbefinden" (Nutzen), ein Grafiker nicht mit „Flyer-Gestaltung", sondern mit „Absatzsteigerung", ein Partyservice nicht mit „Lieferung von Speisen", sondern vielleicht mit einem nutzbringenden Slogan wie: „Sie haben mehr Zeit für Ihre Gäste!"

Sie sollten daher auf Ihrer Website den Nutzen in den Vordergrund stellen. Ihre Kunden müssen wissen, was Sie ihnen bieten können. Wichtig ist, dass die Vorteile direkt ins Auge springen und nicht erst lange gesucht werden müssen. Nur wenige nehmen sich die Zeit, durch mehrere Seiten durchzuklicken, bis sie das für sie Wichtige gefunden haben. Statt eines „Herzlich Willkommen" (Ist doch sowieso selbstverständlich, oder?) könnten Sie den Hauptnutzen direkt in den Titel einbauen und so die Aufmerksamkeit des Betrachters erregen.

Folgende Vorteile/Nutzen bieten wir unseren Kunden:

Runde 5 – Einheitliches Erscheinungsbild (Corporate Design)

„Kleider machen Leute“ – zumindest behaupten das die Leute, die Kleider machen ... Aber mal im Ernst: Wer sich schick und passend kleidet, erzeugt damit bei anderen Menschen einen positiven Eindruck. Noch mehr: Er oder sie strahlt Kompetenz, Professionalität und Sympathie aus. Anders wirkt es, wenn zwei unterschiedlich farbige Socken in meinen viel zu großen Schuhen stecken, meine Hose Hochwasser hat und das Hemd schief geknöpft ist. Wer uneinheitlich herumläuft, erweckt den Anschein, ein Chaot und damit wenig vertrauenswürdig zu sein.

Vergleichen Sie einmal den Außenauftritt Ihres Unternehmens mit Ihrer Kleidung. Sitzt alles bequem und am richtigen Platz? Machen Sie einen einheitlichen und stimmigen Eindruck nach außen? Können Ihre Kunden alle Veröffentlichungen (Geschäftsausstattung, Flyer, Website, Fahrzeugbeschriftung, Schilder) Ihnen direkt zuordnen? An dieser Stelle mag ein Vergleich weiterhelfen: Für viele Stadtkinder sind Kühe „lila“, und Strom ist „gelb“. Wie erstaunlich, dass wir durch Werbung sogar schon Farben mit bestimmten Unternehmen assoziieren.

Das einheitliche Erscheinungsbild („Corporate Design") ist ein Bestandteil der „Corporate Identity“. Die visuelle Wahrnehmung ist bei uns Menschen besonders stark ausgeprägt. Bilder erregen Aufmerksamkeit und haften länger im Gedächtnis. Deshalb besteht das Ziel des Corporate Designs darin, das Leitbild und die Ziele des Unternehmens durch grafische Maßnahmen nach innen und außen optisch identifizierbar zu machen. Gerade die Wiedererkennung ist ein wesentliches Merkmal des Corporate Designs. Es verschafft einem Unternehmen die nötige Aufmerksamkeit, indem es ein Produkt oder eine Firma als eigenständiges Angebot visuell vom Wettbewerb abhebt. Dabei wird der Verbraucher an etwas Bekanntes erinnert. Das schafft eine vertrauensvolle Nähe und fördert somit die Verbundenheit zu einem Unternehmen.

Auch für kleine und mittelständische Unternehmen bringen der Aufbau und die Verwendung eines Corporate Designs einen hohen Nutzen. So trägt die Wiedererkennung eines Firmenlogos dazu bei, dass ein Werbebrief nicht im Papierkorb landet, sondern gelesen wird. Vor allem dann, wenn zu diesem Unternehmen bereits eine Geschäftsbeziehung besteht. Auch die Website wird aufmerksamer und länger betrachtet, wenn durch die einheitliche Darstellung bereits ein grundsätzliches Vertrauen hergestellt ist.

Aber nicht nur die Wiedererkennung allein schafft Vertrauen. Durch ein einheitliches Erscheinungsbild wirkt ein Unternehmen insgesamt professionell und erzeugt Glaubwürdigkeit. Mit einer durchgängigen Gestaltung der kommunikativen Maßnahmen wird Kontinuität ausgestrahlt. Diese vermittelt Sicherheit und ist vertrauensbildend. Manche kleinere Autowerkstatt hat durch die professionelle und einheitliche Gestaltung ihrer Druck- und Werbemittel das Image einer drittklassigen Schrauberbude abgelegt und ist so ein ernstzunehmender Wettbewerber für die großen Niederlassungen in der Stadt geworden.

Runde 6 – Persönlichkeit zeigen

Es gibt Branchen und Berufszweige, die schreien geradezu nach einer persönlichen und vertrauensvollen Beziehung von Dienstleister und Kunde. Mir fallen da spontan Ärzte ein, aber auch Anwälte, Steuerberater, Coaches, Versicherungen oder Friseure. Wenn ich mich jemandem anvertraue, persönliche Angaben mache oder jemanden regelmäßig konsultiere, dann brauche ich von Anfang an die Gewissheit, in guten Händen zu sein. Gleiches gilt beim Kauf von bestimmten Produkten oder der Online-Bestellung von Waren. Auch hier besteht ein großer Bedarf, sich über die Vertrauenswürdigkeit des Anbieters zu informieren.

Eine wesentliche Grundvoraussetzung für die virtuelle Neukunden-Gewinnung ist daher in meinen Augen, dass Sie sich und Ihr Unternehmen auf Ihrer Website absolut vertrauenswürdig und persönlich zeigen. Vielfach steht auf der Seite „Wir über uns" nur eine belanglose Aneinanderreihung von PR-typischen Phrasen wie „Seit 35 Jahren sind wir als Spezialist für … und für unseren guten Service und beste Qualität bekannt!" Denken Sie an die Bullenschau aus der vierten Runde und überlegen Sie, welchen Nutzen Ihr Besucher aus einer solchen Beschreibung zieht.

Es geht darum, sich „spannend" zu inszenieren, wie etwa auch Giso Weyand in seinem Buch *Allein erfolgreich – Die Einzelkämpfermarke* verdeutlicht:

> *„Was Berater wirklich voneinander unterscheidet, ist die Art ihrer Selbstdarstellung. Die zeigt übrigens nicht nur Showtalent. Vielmehr ist professionelle Selbstdarstellung das Resultat einer guten Selbsteinschätzung und der Fähigkeit, Wissen und Beratung zu verkaufen. Und dies sind letztlich jene Anforderungen, die einen guten Berater glaubwürdig machen. Wenn ich von Inszenierung spreche, meine ich das spannende Darstellen von dem, was ist, also nicht das Vortäuschen falscher Tatsachen. Und hierin unterscheidet sich dann auch eine gekonnte Inszenierung von reiner Show: Sie hat Gehalt."*

Und genau darum geht es mir, wenn ich von „Persönlichkeit" spreche. Sie haben immer die Chance, mit einer Website „anfassbar" zu werden und sich so vom Wettbewerb abzuheben. Möglichkeiten gibt es viele, hier nur einige Beispiele:

1. Professionelle Fotos von den Mitarbeitern mit Namen, Telefonnummer und E-Mail-Adresse zeigen nicht nur viel Persönlichkeit, sondern vermitteln Ihren Kunden außerdem, dass Sie gut zu erreichen sind.

2. Lebendige und natürliche Fotos aus dem Arbeitsalltag oder von der Herstellung von Produkten sind in einigen Branchen absolut vertrauensfördernd.
3. Beschreiben Sie konkret, wie Sie arbeiten. Schildern Sie Arbeitsabläufe oder bieten Sie Hintergrundinformationen zu Ihren Maßnahmen und Produkten an.
4. Stellen Sie Interessenten weiteres Infomaterial zum Download (PDF-Dateien) bereit.
5. Ein Geschäftsführer kann die Besucher der Website persönlich begrüßen. Ein kurzer Text mit einem professionellen Foto und Unterschrift zeigt: Ihr Besuch ist mir wichtig. Noch optimaler wäre eine multimediale Begrüßung per Videosequenz, die auf der Startseite eingebunden ist.
6. Kontaktinformationen und rechtliche Angaben (Impressum) sollten nicht nur aus gesetzlichen Gründen leicht erreichbar sein. Verstecken Sie Ihre Adresse und die Möglichkeit zur persönlichen Kontaktaufnahme nicht. Auf zu vielen Internetseiten prangt leider immer noch nur ein schnödes Kontaktformular. Wer den persönlichen Kontakt sucht, klickt wohl lieber zum Wettbewerb weiter.

Es gibt keine zweite Chance für den ersten Eindruck. Verspielen Sie diese Chance nicht und zeigen Sie Persönlichkeit. Ihre neuen Kunden werden es Ihnen danken.

Runde 7 – Gemeinsam sind wir stark (Kooperationen)

Dieses Kapitel richtet sich vornehmlich an Mikro-Unternehmer, Kleinstbetriebe, Freelancer, Einzelkämpfer und Existenzgründer. Denn aller Anfang ist schwer, auch in der Neukunden-Gewinnung. Und da geht einem – so weiß ich aus eigener anfänglicher Erfahrung – schnell die Puste aus. Fehlende Puste sorgt für weniger Aufträge, daraus folgt mangelnde Motivation, noch weniger Puste und so weiter. Die Spirale nach unten beginnt sich zu drehen und ehe man es sich versieht, muss die ach so schöne neue Existenz auch wieder beendet werden.

Der Igel weiß genau, dass er es alleine nicht mit dem Hasen aufnehmen kann. Er ist nicht zu stolz, sich Hilfe zu suchen, und bittet seine Igelfrau, den Plan gemeinsam in die Tat umzusetzen. Es kommt auf gutes Teamwork an, wenn meine Kräfte alleine nicht ausreichen, um den Wettlauf erfolgreich zu bestreiten.

Ich habe mich in meiner beruflichen Tätigkeit von Anfang an dazu entschieden, gemeinsam mit anderen Unternehmern im Netzwerk zu arbeiten. Viele unserer ersten Projekte haben wir als Agentur ausschließlich mit freien Mitarbeitern (Programmierern und Mediengestaltern) durchgeführt. Manche Kundenwünsche ließen sich nur erfüllen, weil ich Leistungen von anderen Agenturen und Fachleuten eingekauft habe. Erst nach und nach konnten wir durch neue Mitarbeiter mehr Know-how und eigene Arbeitskraft innerhalb der Agentur aufbauen, um Projekte eigenständig abzuwickeln. Aber auch heute noch setzen wir bei vielen Projekten auf externe Kräfte, wie es in der Branche ja auch absolut üblich ist.

Die gleiche Vorgehensweise lässt sich auch auf die Neukunden-Gewinnung im Internet übertragen. Wer es aus Zeit- oder Budgetgründen nicht ermöglichen kann, eine umfassende Online-Strategie alleine umzusetzen, der sollte sich nach möglichen Partnern umsehen. Diese Kooperationen können sowohl innerhalb der gleichen Branche stattfinden (zwei Mediengestalter, die gemeinsam grafische Arbeiten für ihre Kunden anbieten), ähnliche Branchen betreffen (ein Programmierer und ein Mediengestalter, die unterschiedliche Arbeiten an einem gemeinsamen Projekt durchführen) oder völlig branchenfern sein (ein Programmierer und ein Rechtsanwalt, die über eine Plattform zur Rechtssicherheit im Internet neue Kunden akquirieren).

Für welche Vorgehensweise Sie sich auch entscheiden, einige Dinge sollten Sie bei der Wahl eines Kooperationspartners beachten:

Machen Sie es einfach. Wer sich zu einer Kooperation zusammenschließt, will es in der Regel nicht komplizierter haben, als es ohnehin schon ist. Teilen Sie die Arbeit deshalb klar auf. Grenzen Sie die Verantwortungsbereiche der Partner voneinander ab. Formulieren Sie Ziele und Erwartungen sowie feste Meilensteine in der Vorgehensweise. Je mehr Zeit Sie in die Planung und Vorbereitung der Kooperation stecken, umso leichter wird die Zusammenarbeit. Ich bin selbst in manchen gemeinsamen Projekten zu vorschnell an die Sache herangegangen und musste hinterher so viele ungeklärte Fragen aus dem Urschleim holen, dass eine saubere und stringente Planung am Anfang der Zusammenarbeit weniger Aufwand bedeutet hätte.

Machen Sie es schriftlich. Mein Vater hat mir beigebracht: „Wer schreibt, der bleibt." Selbst bei Geschäften und Kooperationen mit engen Vertrauten erstelle ich eine kurze schriftliche Zusammenfassung, in der die wesentlichen Punkte geregelt sind. Schreiben Sie auf, wer für welchen Bereich der Kooperation die Verantwortung trägt und wie Sie die neuen Kunden und den daraus erzielten Umsatz aufteilen. Legen Sie schriftlich fest, wie Sie bei einer Beendigung der Partnerschaft vorgehen und welche Konsequenzen sich daraus ergeben. Mit einer ausformulierten Vereinbarung vermeiden Sie nicht nur Missverständnisse, sondern haben auch bei späteren Streitigkeiten eine klare Regelung. Denn Streit kommt doch in den besten Familien vor ...

Machen Sie es aus Überzeugung. Wenn die Zusammenarbeit mit einem Kooperationspartner mehr Ärger und Arbeit macht als Sie durch den gemeinsamen Einsatz gewinnen können, dann lassen Sie die Finger davon. Ein hohes Maß an Vertrauen, gleiche Ansprüche in Bezug auf Qualität und Zuverlässigkeit sowie ein partnerschaftlicher Umgang sind wichtige Voraussetzungen für eine erfolgreiche Partnerschaft. „Die Chemie muss stimmen" – andernfalls kann der gemeinsame Auftritt schnell nach hinten losgehen und beiden Parteien schaden.

Checkliste „Jede Website braucht einen Plan"

	Fragen	Ja	Nein	Notizen
1.	Haben Sie eine klare Profilierung, die sich mit den Erwartungen Ihrer Kunden deckt?			
2.	Folgt Ihr Internetauftritt einem konkreten Marketing-Konzept, mit dem Sie Ihr Unternehmen oder Produkt online professionell und erfolgreich bewerben?			
3.	Kennen Sie Ihre Zielgruppe und deren Bedürfnisse?			
4.	Haben Sie sich im Internet bereits ausreichend spezialisiert, um so die Vorteile eines „Nischendaseins" nutzen zu können?			
5.	Sind Sie dazu in der Lage, den Nutzen Ihrer Angebote für den Besucher wirklich verständlich und interessant zu formulieren?			
6.	Haben Sie im Internet bereits ein eindeutiges und einheitliches Erscheinungsbild, an dem man Sie auch wirklich erkennt?			
7.	Zeigen Sie eine Persönlichkeit, an der Sie Ihre Kunden sofort identifizieren können?			
8.	Haben Sie im Internet bereits die Partner gefunden, mit denen Sie Ihre Marketing-Konzepte erfolgreich umsetzen?			

4. Hürdenlauf (Runde 8 bis 13) – Sichtbarkeit im Internet erhöhen

„Eins, zwei, drei", und los ging er wie ein Sturmwind den Acker hinunter. Der Igel aber lief nur etwa drei Schritte, dann duckte er sich in die Furche hinein und blieb ruhig sitzen. Und als der Hase im vollen Lauf am Ziel unten am Acker ankam, rief ihm die Frau des Igels entgegen: „Ich bin schon da!" Der Hase war nicht wenig erstaunt, glaubte er doch nichts anderes, als daß er den Igel selbst vor sich hatte. Bekanntlich sieht die Frau Igel genauso aus wie ihr Mann.

„Das geht nicht mit rechten Dingen zu", rief er. „Noch einmal gelaufen, in die andere Richtung!" Und fort ging es wieder wie der Sturmwind, daß ihm die Ohren am Kopf flogen. Die Frau des Igels aber blieb ruhig an ihrem Platz sitzen, und als der Hase oben ankam, rief ihm der Herr Igel entgegen: „Ich bin schon da!"

Viele Unternehmen igeln sich ein. Sie verstecken sich. Wundern sich dann, wieso die potenziellen Kunden nicht von selbst nach ihnen suchen. Die Zeiten, in denen es gereicht hat, sich auf die Qualität der Produkte oder den guten Ruf zu verlassen, sind längst vorbei. Wer seinen Internetauftritt nur als Pflichtübung betrachtet, wird damit keine neuen Kunden gewinnen. Oberstes Ziel muss es sein, eine solch starke Sichtbarkeit im Internet zu erzeugen, dass Interessenten nicht lange suchen müssen, um auf Ihr Unternehmen zu stoßen.

Immer wieder hört der Hase den gleichen Spruch: „Ich bin schon da!" Wenn Sie effektiv und nachhaltig neue Kunden gewinnen wollen, muss Ihr Unternehmen im Internet präsent sein. Dazu brauchen Sie eine Strategie, um häufiger als der Wettbewerb am Ende des Feldes aufspringen zu können. Wer im Internet nach Ihrem Unternehmen, Ihren Produkten oder Ihren Angeboten sucht, sollte immer wieder sehen: „Firma XY ist schon da!"

Die folgenden sechs Runden zeigen, wie es Ihnen gelingt, neben dem Aufbau Ihrer eigenen Website die Sichtbarkeit Ihres Unternehmens im Internet noch stärker zu erhöhen.

Entscheidungshilfe – Welche Maßnahmen zur Erhöhung der Sichtbarkeit sollte ich nutzen?

In Branchenverzeichnisse tragen Sie sich ein, wenn ...	Eine gezielte Offline-Verknüpfung ist wichtig für Sie, wenn ...	Ein E-Mail-Newsletter lohnt sich für Sie, wenn ...
... Sie auch online in den Gelben Seiten und anderen Verzeichnissen erscheinen möchten.	... Sie bereits ein ansprechendes Online-Angebot haben.	... Sie Kunden regelmäßig auf dem Laufenden halten und über Neuerungen informieren möchten.
... Sie so auf einfache Weise einen zusätzlichen Link zu Ihrer Website setzen möchten.	... Sie eine bestimmte Zielgruppe (etwa in Ihrer Region) erreichen möchten.	... Sie diese Form der Kommunikation auf seriöse Weise verwenden.
... Sie im Internet noch leichter gefunden werden möchten.	... Ihre Website noch nicht häufig besucht wird.	... Sie bereits einen ausreichend großen Kundenstamm haben (von Branche zu Branche kann dies recht unterschiedlich sein) bzw. eine bestimmte Anzahl an Abonnenten gewinnen können.
... Ihre Konkurrenz ebenfalls Branchenverzeichnisse zur Erhöhung der Sichtbarkeit nutzt.	... Sie Kunden stetig über Ihre Online-Tätigkeiten informieren möchten.	... Sie über reine Produkt- oder Angebotsinfos hinaus relevante Informationen für Ihre Kunden bereitstellen können.

Runde 8 – Wer Fische fangen will, braucht Köder und gute Netze

Die meisten Unternehmen sind im Internet mit genau einem (!) Eintrag präsent. Sie haben unter www.Firmenname.de eine Website eingerichtet, auf der sie sich und ihre Angebote mehr oder weniger ausführlich darstellen. Wer nach diesem Unternehmen sucht, wird lediglich auf einer einzigen Seite fündig – vorausgesetzt, dass er sie überhaupt findet. Ein ziemlich schmales „Trichterchen".

Wer im Internet neue Kunden gewinnen will, muss den Trichter für neue Interessenten vergrößern. Sich „breiter" aufzustellen bedeutet, die eigene Sichtbarkeit zu erhöhen. Und wenn ich „breiter" sage, meine ich wirklich „sehr viel breiter". Wir sprechen also nicht nur über eine zweite Website oder über einen Eintrag in den virtuellen Gelben Seiten (obwohl diese Dinge sicher auch dazugehören). Wir sprechen über eine systematische Strategie zum Aufbau eines starken virtuellen Netzwerks.

Vergleichen Sie dieses Thema vielleicht einfach mal mit dem Fischfang. Sind Sie Hobbyangler, genügt es sicherlich, mit einer einzigen Angel an einem kleinen Teich zu sitzen. Wollen Sie aber über die Fischerei Ihren Lebensunterhalt verdienen, brauchen Sie optimale Köder und gute Netze.

Ihre Zugriffszahlen erhöhen sich besonders stark, wenn Sie nicht nur eine einzige Website veröffentlichen, sondern gleich ein Dutzend. Vielleicht sogar fünfzig oder hundert Seiten. Das erscheint zunächst unmöglich, doch nicht jeder Eintrag im World Wide Web muss ja auch den gleichen Umfang besitzen wie Ihre Hauptdomain. Es genügen manchmal schon Kurzinformationen an den richtigen Stellen. So gehört heutzutage ein Profil auf der Business-Plattform XING im geschäftlichen Umfeld zum Standard (wir werden uns in Runde 57 diesem Thema ausführlich widmen). Denn wer auf XING nach einer Dienstleistung sucht und Ihren Kontakteintrag findet, klickt automatisch auf Ihre Website weiter. Haben Sie sich dort nicht registriert, werden andere gefunden, die sich über neue Interessenten freuen. In späteren Kapiteln (vor allem im Bereich Reputationsmanagement) werde ich eine Vielzahl von Möglichkeiten nennen, wie Sie ohne allzu großen Aufwand Ihre Sichtbarkeit im Internet erhöhen. Ob mit aussagekräftigen Profilen in sogenannten „Social Communitys" (Sozialen Netzwerken) wie XING, Facebook, LinkedIn oder MeinVZ, ob in diversen Branchenverzeichnissen, die wir im nächsten Kapitel noch einmal genauer unter die Lupe nehmen, ob in Expertenportalen (Runde 54) oder in regional ausgerichteten Onlineforen – die Wirkung ist stets dieselbe: Steter Tropfen höhlt den Stein. Der „Trichter" für neue Kunden wird enorm verbreitert.

„Ich bin schon da!" sollten Ihre potenziellen Interessenten immer wieder hören, wenn Sie auf unterschiedlichsten Plattformen (Suchmaschinen, Portale, Soziale Netzwerke, Internet-Dienste) nach Ihnen suchen. Wenn Sie Einzelunternehmer oder Freiberufler sind, können Sie einen ganz einfachen Test machen – geben Sie Ihren vollständigen Namen einmal bei Google ein und schauen Sie sich die Anzahl der Ergebnisse an. Sind Sie unter den ersten zwanzig Treffern? Wer nach „Thomas Kilian" sucht, findet mich bei über einer Million Suchtreffern bei Google auf 14 der ersten 20 Ergebnisse (das heißt über zwei Drittel). Darunter sind selbstverständlich verschiedene Internetpräsenzen unserer Agentur, aber auch Branchenverzeichnisse und XING zu finden. Das gleiche Experiment können Sie natürlich auch mit Ihrem Firmennamen machen.

Noch besser und wichtiger ist es, wenn Sie nicht nur unter ihrem Namen (Wer sucht schon nach „Thomas Kilian"?), sondern unter einem wichtigen Suchwort gefunden werden, das Ihre Angebote bezeichnet. Probieren Sie den Test mit dem Wort „Neukunden" oder „Neukunden-Akquise". Hier werden Sie an mir nicht vorbeikommen, egal in welcher Kombination Sie diese Begriffe bei Google eingeben. Ich stehe nicht zwangsläufig immer auf dem

Siegertreppchen, doch vielfach unter den ersten zehn Treffern. „Neukunden-Gewinnung“ drückt in meinen Augen den wesentlichen Nutzen (siehe Runde 4) aus, den sich meine potenziellen Kunden wünschen. Insofern habe ich mich im Laufe meiner unternehmerischen Tätigkeit für diesen Begriffsbereich entschieden und mich dafür umfassend positioniert.

Runde 9 – Sichtbarkeit durch das Planetenmodell erhöhen

„Es gibt die Sonne, es gibt den Mond, es gibt die Luft zum Atmen – und es gibt ... Ihre Website im Internet!“ Ganz bewusst trage ich mit diesem abgewandelten Zitat von Keith Richards etwas zu dick auf. Es geht mir ja schließlich darum, den einen oder anderen Leser aus seinem Dornröschenschlaf zu wecken. Zu viele Unternehmen „verpennen“ die enormen Möglichkeiten, die ihnen das virtuelle Leben bietet. Erfolgreiches Marketing besteht nun einmal auch darin, das eigene Unternehmen oder Produkt bewusst in den Mittelpunkt zu stellen.

Das Planetenmodell unseres Sonnensystems zeigt, wie Sie sich professionell ins Zentrum des Online-Geschehens drängen. Sie erinnern sich vielleicht noch dunkel an den Physikunterricht der achten Klasse: Die Sonne ist der Mittelpunkt unseres Planetensystems. Um sie herum kreisen die Erde und eine Reihe von anderen Körpern in unterschiedlichen Abständen und Umlaufbahnen. Die meisten der Planeten werden von eigenen Monden umkreist. Ich vermute, Sie haben ebenfalls mal ein Mobile dazu basteln müssen? Ansonsten hoffe ich, dass Sie sich das Modell jetzt vor Ihrem geistigen Auge vorstellen können.

Einen solchen Aufbau wie beim Planetensystem empfehle ich nämlich auch für Ihren Einsatz im Internet. Die Sonne repräsentiert Ihre Hauptwebsite. Das ist der zentrale Auftritt Ihres Unternehmens. Hier können Sie sich, Ihre Ziele und Angebote sehr professionell und anschaulich präsentieren. Zeigen Sie Ihre Referenzen. Geben Sie Hintergrundinformationen zu Produkten und Dienstleistungen. Machen Sie es Ihren Kunden möglichst einfach, mit Ihnen in Kontakt zu treten.

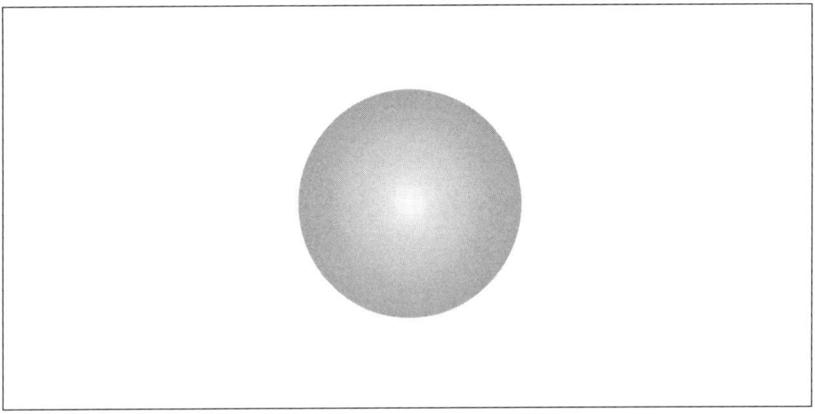

Abbildung 1 – Die eigene Website als „Sonne" des Planetenmodells

Um die „Sonne" herum gruppieren Sie nun eine Reihe von „Planeten". Es sind Internetseiten, die sich speziellen Themen widmen. Sie stehen im Zusammenhang mit Ihren Leistungen. Hier könnten Sie etwa ein bestimmtes Produkt im Detail vorstellen, einen Auftritt für eine spezielle Zielgruppe kreieren (siehe Runde 2 und 3) oder zusätzlichen Mehrwert bieten.

Wir haben als Agentur eine ganze Reihe von „Planeten" online gestellt. Sie drehen sich alle um das Thema Neukunden-Gewinnung. Neben unserem Neukunden-Magnet Weblog gibt es zwei verschiedene Podcasts, einen Videocast und ein Projekt für „Kirche im Internet". Sie werden im weiteren Verlauf dieses Buches noch erfahren, was es mit diesen innovativen Methoden des sogenannten „Web 2.0" auf sich hat. Nur Geduld. An dieser Stelle genügt es zu wissen, dass wir als Agentur betont mehrgleisig fahren und dadurch wirklich Erfolg haben.

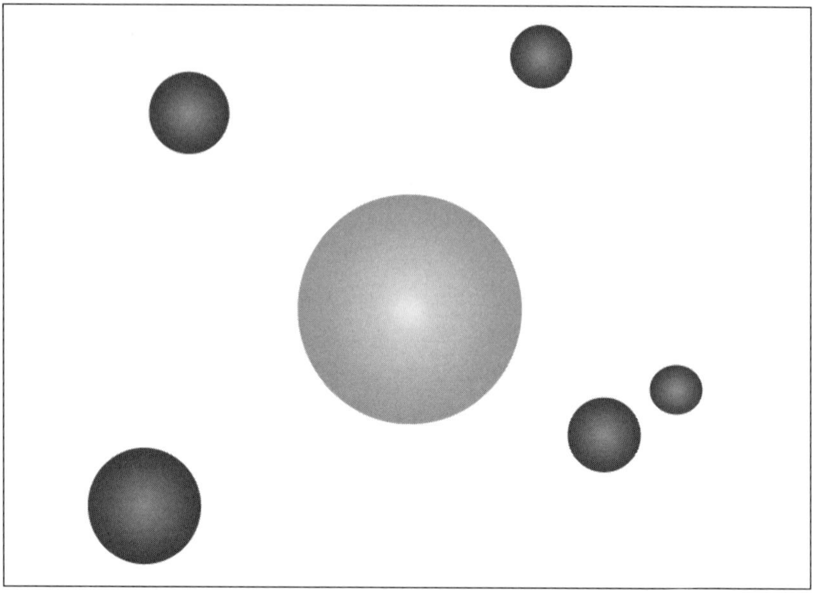

Abbildung 2 – „Planeten" kreisen um die Sonne

Ein Interessent ist durch eine Anzeige im *FOCUS* auf uns aufmerksam geworden. Diese Anzeige hatte unser Partner „sevenload" veröffentlicht, auf dessen Internetplattform wir ein Videoprojekt zur Neukunden-Gewinnung vermarkten. Ich bin auf dieser Anzeige lediglich mit einem sehr kleinen Foto und einem Zweizeiler zu sehen. Dennoch hat sich der Unternehmer auf der sevenload-Seite unsere Videoclips angesehen. Er ist dann dem Link zu unserem Planeten („Neukunden-Videocast") gefolgt. Von dort aus hat er die „Sonne" (www.Thoxan.com) besucht. Nie im Leben wäre dieser Interessent von sich aus auf unserer Agenturwebsite gelandet. Erst der erweiterte Trichter vom „Mond" (sevenload) zum Planeten bis hin zur Sonne hat ihn letztlich zu uns geführt.

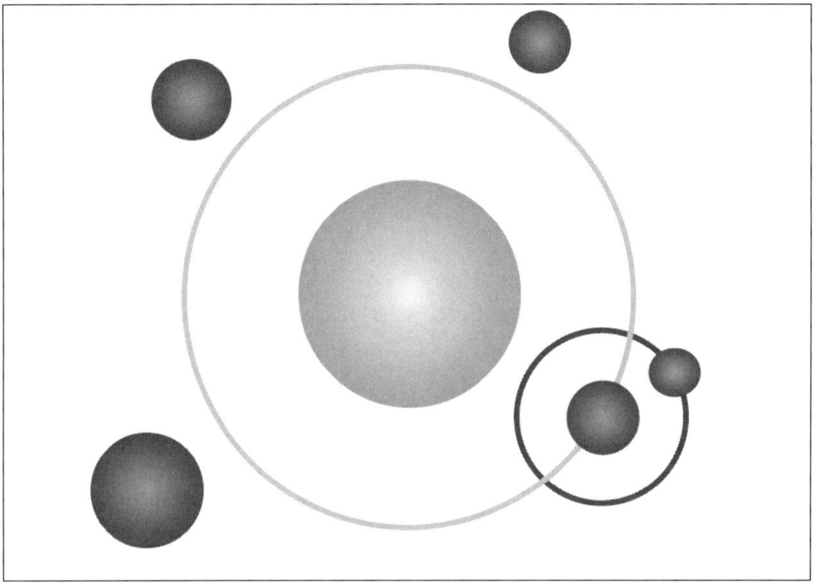

Abbildung 3 – Monde kreisen um einen Planeten, der um die Sonne kreist

Sie mögen sich jetzt fragen, wer diese ganzen Planeten erstellen und bezahlen soll. Ich weiß, dass ich mich hier auf dünnem Eis bewege. Vor allem, wenn es um Existenzgründer, Freiberufler und Einzelunternehmer geht. Sicher haben wir als „agentur für neue medien" einige Vorteile, wenn es um die Erstellung von Internetseiten geht. Doch es war auch für uns ein bewusster Schritt, unser Marketingbudget in den Aufbau einer solchen Struktur zu investieren und nicht mehr in den Versand von Werbebriefen oder andere Formen klassischer Werbung. Diese Werbeformen kosten häufig noch mehr und sind weniger effektiv.

Damit will ich nicht sagen, dass sich ein hervorgehobener Eintrag in den Gelben Seiten oder die Schaltung von Anzeigen in der Tageszeitung überhaupt nicht lohnt. Diese Maßnahmen haben für bestimmte Branchen und

Angebote durchaus ihre Berechtigung. Wir haben uns aber bewusst für einen anderen Weg entschieden, um Kunden zu gewinnen.

Das Schöne an dem vorgestellten Modell ist die Möglichkeit, die Planeten nach und nach zu erweitern. Sie müssen das Mobile nicht an einem Nachmittag basteln. Sie können jedes halbe Jahr einen neuen Planeten oder Mond aufbauen und optimieren. Jeder Planet hat seinen eigenen Charakter, seine eigene Umlaufbahn und Geschwindigkeit. Einige unserer Webprojekte haben wir einmal ins Netz gestellt und seitdem nicht mehr verändert. Bei anderen Websites (etwa unser Weblog, siehe Runde 38) aktualisieren wir die Inhalte beinahe täglich.

Sie geben die Geschwindigkeit der Entwicklung und den Charakter des Planetensystems vor, aber Sie werden um die Erweiterung Ihrer virtuellen Milchstraße nicht herumkommen, wenn Sie im Internet nachhaltig neue Kunden gewinnen wollen.

Runde 10 – Meiden Sie schwarze Listen, nutzen Sie Gelbe Seiten!

Nach diesem theoretischen Einstieg in Sichtbarkeit und Planetenmodelle wird es jetzt praktisch. Ich hatte Ihnen ja schon die Möglichkeit angekündigt, sich in verschiedenen Verzeichnissen und Branchenführern mit Ihrem Unternehmen einzutragen. In der Regel sind bei diesen Portalen die Basiseinträge kostenfrei und es können erweiterte Pakete für einen bestimmten Monatsbeitrag gebucht werden.

Diese zusätzlichen Features können für Sie abhängig von Ihrer Branche, Ihrer Zielgruppe und Ihren Zielen Sinn machen, aber ich will nicht verschweigen, dass wir für unsere Agentur überwiegend kostenfreie Einträge nutzen. Denn auch hier erhält man in der Regel die Möglichkeit, einen Link zur eigenen Website zu setzen und über eine Auswahl von Suchbegriffen gefunden zu werden.

Branchenverzeichnisse und Online-Portale zum Selbsteintrag	
www.abconline.de	Das „ABC der Deutschen Wirtschaft" bietet dem Nutzer die Möglichkeit, sich über ein Kontaktformular direkt an die entsprechenden Anbieter zu wenden. Leider befindet sich das Verzeichnis seit geraumer Zeit in einer Umbauphase, sodass an dieser Stelle keine weitere Beschreibung erfolgt.
www.adressennet.de	Die Aufnahme der E-Mail-Adresse gehört ebenso zum Standard wie ein Backlink auf die eigene Website. Neben einer Suchmaske können die einzelnen Branchen durchgeblättert und nach Orten gefiltert werden.
www.allesklar.de	In den Suchergebnissen finden sich nicht etwa nur Websites von direkten Anbietern; da in Allesklar zusätzlich eine Suchmaschine integriert ist, werden weitere Treffer, u.a. von GelbeSeiten.de, angezeigt. Ähnlich wie bei einer konventionellen Suchmaschine enthalten die Suchtreffer einen Link zu Ihrer Website sowie einen kurzen Beschreibungstext.
www.bestefirma.de	Hier nervt es recht schnell, dass bei jedem Besuch der Startseite ein Pop-up aufspringt. Sofern Sie als Anbieter kein Geld für ein teures Expert- oder Professional-Paket aufwenden möchten, bietet Ihnen der Basiseintrag lediglich die Aufnahme Ihrer Adresse plus Telefonnummer.
www.branchenbuch deutschland.de	Neben der Adresse und der Fax- und Telefonnummer gehört die Einbindung von Google Maps zum Highlight. Weitere Funktionen, wie zum Beispiel die Angabe eines Backlinks zur eigenen Website, sind bei einem Standardeintrag nicht verfügbar. Für 120 Euro pro Jahr ist ein Premiumeintrag erhältlich, der insbesondere einen Link zur eigenen Website gewährt.

Branchenverzeichnisse und Online-Portale zum Selbsteintrag (Fortsetzung)	
www.dastelefonbuch.de **www.dasoertliche.de**	Das Örtliche ist in der gedruckten Version ohnehin ein Muss. Es empfiehlt sich, auch in der Online-Variante verfügbar zu sein. Das Verzeichnis überzeugt sofort durch eine professionelle Aufmachung, die hält, was sie verspricht. Eine riesige Datenbank und hohe Benutzerfreundlichkeit sind zusätzliche Argumente für einen Eintrag. Ähnliches gilt für „DasTelefonbuch" im Internet.
www.dialo.de	Zusätzlich zu den üblichen Angaben, wie etwa Adresse und Kontaktdaten, bietet Dialo die Möglichkeit zur Bewertung der Angebote. Wenn Sie von sich, Ihrem Service und Ihren Produkten überzeugt sind, können Sie sich hier mit ruhigem Gewissen und vor allem kostenlos eintragen. Einen Link zu Ihrer Website erhalten Sie allerdings nicht.
www.delter.de	Auch auf Delter haben Sie die Möglichkeit, zwischen einem kostenpflichtigen und einem kostenfreien Eintrag zu wählen. Letzterer bringt „lediglich" eine Benachteiligung in der Anzeigeposition mit sich. Eine qualitativ hochwertige Suche sieht damit garantiert anders aus.
www.fatnews.de	Obwohl Fatnews einen recht irreführenden Namen trägt, verbirgt sich dahinter ein gut aufgeräumtes Branchenverzeichnis, das sich als Stadtportal versteht. Sämtliche Einträge sind kostenlos. Dafür erhalten Sie auch genau das, was Sie von einem solchen Verzeichnis erwarten können: Einen einfachen Eintrag, bestehend aus Adresse und Telefonnummer.
maps.google.de	Kostenloser Dienst von Google, der im Prinzip auf der hauseigenen Suchmaschine basiert. Daher findet Maps die meisten Unternehmen auch von alleine; um das Verfahren jedoch zu beschleunigen, lohnt sich ein Eintrag dennoch. Das Highlight ist hier die direkte Anbindung an eine Karte, auf der sich nicht nur der Standort anzeigen lässt, sondern auch die Anfahrt direkt geplant werden kann.

Branchenverzeichnisse und Online-Portale zum Selbsteintrag (Fortsetzung)	
www.gelbeseiten.de	DER Klassiker unter den Online-Branchenverzeichnissen. Jeder, der die gedruckten Gelben Seiten kennt, weiß auch, wie es online funktioniert. Ein Eintrag ist standardmäßig kostenfrei und ein absolutes Muss.
www.goyellow.de	Ein durchaus liebevoll gestaltetes Branchenverzeichnis, in dem selbst der Standardeintrag einiges zu bieten hat. Hier können Geschäftszeiten, Unternehmensprofil, Mitarbeiter etc. in Form einer Mini-Website angelegt werden.
www.klicktel.de	Klicktel ist ein Branchenverzeichnis mit einer sehr professionellen Optik. Ein kostenfreier Eintrag bietet Ihnen neben den Standarddaten auch die Möglichkeit, einen Link zur eigenen Homepage zu setzen. Eine gleichzeitig ausgezeichnete Usability macht dieses Verzeichnis interessant.
www.linx.de	Auf Linx suchen Sie im B2B-Bereich. Damit ist dieses Verzeichnis für all jene interessant, deren Kunden Firmen sind. Ein Firmenprofil kann kostenlos angelegt werden.
www.meinestadt.de	MeineStadt.de gehört sicherlich zu den bekannteren Branchenverzeichnissen. Aufgebaut ist es wie eine Suchmaschine; neben dem Titel zeigen die Suchergebnisse einen Beschreibungstext und enthalten einen Backlink. Um Suchwörter sowie eine individuelle Beschreibung angeben zu können, muss man mindestens auf einen Business-Eintrag wechseln, der mit 249 Euro zu Buche schlägt.
www.prosumo.de	Das Branchenverzeichnis ermöglicht es, in einem bestimmten Umkreis zu suchen. Die Ergebnisse werden ähnlich wie die einer Suchmaschine präsentiert. Um einen kostenfreien Eintrag nutzen zu können, müssen Sie allerdings selbst einen Backlink von Ihrer Website zu Prosumo.de setzen.
www.qype.com	Qype besitzt eindeutig Community-Charakter; das bedeutet, dass das Bewertungskonzept fest integrierter Bestandteil des Branchenverzeichnisses ist. Neben einem kostenlosen Eintrag ist ebenfalls ein Premium-Brancheneintrag erhältlich, wobei die Preise hier von Branche zu Branche variieren.

Branchenverzeichnisse und Online-Portale zum Selbsteintrag (Fortsetzung)	
www. stadtbranchenbuch.com	Im Stadtbranchenbuch kann man sich als Anbieter kostenfrei eintragen; für die Nutzer sind sowohl die Optik als auch die Usability recht ordentlich. Allerdings liefert das Verzeichnis kaum Treffer zurück. Dies mag daran liegen, dass es sich noch in der Beta-Phase befindet und damit wohl nicht gerade zu den alten Hasen zählt.
www.suchen.de	Suchen.de lehnt sich sehr stark an Google Maps an. Hier können sich nur gewerbliche Anbieter registrieren – private Homepages finden keine Aufnahme in den Suchindex. Interessant ist, dass die Website einen komfortablen Routenplaner und eine Darstellung in Kartenform integriert.
www.wlw.de	Die drei Buchstaben in der URL stehen für „Wer liefert was?“. Damit ist auch geklärt, dass es sich hierbei um eine Lieferantensuchmaschine für den B2B-Bereich handelt. Ein Standardeintrag ist kostenlos; daneben besteht die Möglichkeit, eines von drei kostenpflichtigen Paketen zu nutzen.

Achtung! Zum Schluss dieses Kapitels muss ich noch dringend vor Neppern, Schleppern und Bauernfängern warnen! Es gibt Halunken, die die Gutgläubigkeit von Unternehmern schamlos ausnutzen. Unter falschem Vorwand empfehlen sie völlig überteuerte Angebote zur Selbstdarstellung. Vielleicht haben Sie auch schon mal ein Fax von einem „Branchenbuch-Deutschland-24“ oder anderen Anbietern erhalten, bei denen im Kleinstgedruckten steht, dass sich die „kostenfreie Eintragung“ nach einem Monat automatisch in einen zweijährigen Vertrag verlängert, der pro Jahr um die 1.000 Euro kosten soll.

Sie erhalten dafür zwar wirklich einen Online-Eintrag, allerdings in einer mehr als drittklassigen Datenbank, die von niemandem aufgerufen wird. Bitte achten Sie also beim Anmelden Ihres Unternehmens immer auf die AGBs und gehen Sie nicht vorschnell einen kostenpflichtigen Vertrag mit einem der Anbieter dieser „schwarzen Listen“ ein – zumal Sie mit den Gelben Seiten und den zumeist kostenlosen Einträgen in anderen Branchenverzeichnissen an dieser Stelle schon mehr als genug getan haben.

Runde 11 – Offline eine gute Figur machen

Auch wenn sich dieses Buch um Neukunden-Gewinnung im Internet dreht, wollen wir uns die Möglichkeiten der Offline-Kommunikation nicht nehmen lassen, solange sie diesem Ziel dienlich sind. Denn viele Unternehmer verzichten auf die wunderbaren Chancen, auch außerhalb des Internets auf Ihre Online-Aktivitäten aufmerksam zu machen. Sie rennen Runde um Runde auf dem virtuellen Steckrübenfeld, doch niemand schaut Ihnen dabei zu. Wie frustrierend!

Nutzen Sie die Möglichkeit, bei jedem Kontakt mit anderen Menschen auf Ihre Website oder weitere Online-Angebote hinzuweisen. Selbst wenn Sie sich keine Tätowierung Ihrer Internetadresse auf den Oberarm stechen lassen wollen, gibt es hier einfache und wirkungsvolle Methoden:

Visitenkarten und Briefpapier. Steht Ihre Website bereits auf Ihren Geschäftspapieren? Können Empfänger Ihrer Visitenkarte sich online über Sie informieren? Haben Sie am Schluss Ihrer Rechnung bereits ein „P.S.: Auf unserer Internetseite finden Sie aktuelle …“ eingebaut?

Fahrzeugbeschriftung. Sie sind geschäftlich viel unterwegs oder betreiben ein Unternehmen, bei dem Fahrzeuge eine Rolle spielen? Bekleben Sie Ihre Firmenfahrzeuge mit der Internetadresse und einem Slogan, der auf Ihre Website neugierig macht.

Telefonansagen. Wie wäre es, die übliche Wartemelodie mit aktuellen Informationen von Ihrer Website zu ergänzen und dabei die Adresse zu kommunizieren? Auch Ihren Anrufbeantworter können Sie aufs Internet trimmen: „Wir sind momentan nicht zu erreichen, aber Sie können uns gerne eine persönliche Nachricht oder eine kurze E-Mail über unsere Internetseite www.Firmenname.de hinterlassen."

Werbemittel und Flyer. Papier ist geduldig und wird entweder sofort entsorgt oder verschwindet in der Ablage. Dennoch bietet sich Print-Werbung an, um ebenfalls auf Ihre Website hinzuweisen. Sie können dort auch Themen anreißen und die Darstellung weiterer Informationen auf einer speziellen Unterseite Ihres Online-Angebots versprechen (dann aber auch bieten!).

Gewinnspiele. Wenn Sie unter Ihren Kunden Preise verlosen oder neue Kunden über ein Gewinnspiel ansprechen möchten, dann bieten Sie statt einer Antwortpostkarte die Teilnahme über ein Kontaktformular auf Ihrer Website an. So bekommen Sie neue Besucher, die sich – wenn Sie einen interessanten Mehrwert anbieten – auch weitere Teile Ihres Online-Auftritts ansehen werden. Lassen Sie die Teilnehmer das Gewinnspiel per Mausklick weiterempfehlen, um noch mehr Besucher auf Ihrer Seite willkommen zu heißen.

Runde 12 – Das WWW der E-Mail-Signatur: Wer? Was? Website!

Die elektronische Post ist aus der modernen Kommunikation überhaupt nicht mehr wegzudenken. Ich kommuniziere mittlerweile häufiger per E-Mail als auf allen anderen Wegen zusammen – wenn ich die Anzahl der Telefonate zähle und nicht deren Länge ... Vermutlich geht es Ihnen ebenfalls so, dass Sie jeden Tag dutzende E-Mails erhalten und mindestens genauso viele verschicken. Aber selbst wenn es nur ein paar E-Mails sind, lohnt es sich, diese zur aktiven Bewerbung Ihrer Internetseite einzusetzen.

Bewährt hat sich dafür vor allem die sogenannte „Signatur", die Sie in Outlook oder anderen E-Mail-Programmen einrichten können. Dadurch wird ans Ende jeder versendeten E-Mail automatisch ein bestimmter Text (oder Text mit Bildern) angehängt. Im geschäftlichen Bereich ist die Signatur – wie auch das Impressum auf Websites – keine Kür mehr, sondern bereits Pflicht. Der Gesetzgeber verlangt bei schriftlicher Kommunikation einen Anbieternachweis. Aus jeder E-Mail müssen der Absender mit Name, Adresse und Telefonnummer sowie – je nach Art des Unternehmens – weitere Informationen wie Umsatzsteuernummer, Handelsregisternummer etc. erkennbar sein. Lassen Sie sich rechtlich beraten, welche Angaben für Ihr Unternehmen notwendig sind.

Viele haben mittlerweile zwar eine Kontaktinformation als Signatur eingerichtet, verzichten aber auf diese hervorragende Werbemöglichkeit. Ich liefere Ihnen vier Ideen, wie Sie mehr aus Ihrer E-Mail-Signatur herausholen:

Website-Adresse(n) aufführen. Klingt so einfach und wird trotzdem noch nicht überall gemacht: Schreiben Sie die Internetadresse Ihrer Website einfach in die Signatur. Wenn Sie mehrere Online-Auftritte haben, dann schreiben Sie eine kurze Erläuterung davor oder dahinter:

- www.Thoxan.com (agentur für neue medien)
- www.Neukunden-Magnet.de (Marketing-Weblog)
- www.Neukunden-Podcast.de (Audiojournal zur Neukunden-Gewinnung)

Postskriptum nutzen. Das „P.S.:" sollte auch in einem Werbebrief niemals fehlen, wird es doch in den meisten Fällen zuerst gelesen. Bieten Sie hier einen Mehrwert für Ihre Kunden an oder kommunizieren Sie Veränderungen auf Ihrer Website. „P.S.: Im Januar haben wir unser Produkt XY im Sonderangebot – weitere Infos unter *www.Produkt.de*" oder „P.S.: 5 Wege für eine bessere Kommunikation – kostenfreier Download unter www.Firmenname.de" bringen Ihnen sicher einige Klicks auf die Website.

Kostprobe. Liefern Sie am Ende der Signatur eine kurze „Kostprobe" Ihrer Website. Das kann ein knackiger Text sein, der Ihre Leistung besonders interessant beschreibt, ein passendes Zitat oder der Hinweis auf ein Video, das Sie auf Ihrer Website bereitstellen. Ein Kunde von mir, die ASS Schädlingsbekämpfung aus München, macht das folgendermaßen:

> SCHLAFPROBLEME? BLUTARMUT? Wir bieten Ihnen Insektenschutzfenster und -türsysteme nach Maß! Ihr Schlafzimmer gehört bald wieder Ihnen!
> Weitere Informationen unter
> http://www.ass-schaedlingsbekaempfung.de/insektenschutz

RSS-Feed einbinden. Wir werden uns beim Thema „Weblogs" noch eingehender mit der RSS-Technik beschäftigen. In aller Kürze: Dieses Verfahren ermöglicht, aktuelle Beiträge von einer Website zu abonnieren und in einem sogenannten RSS-Reader zu lesen. Es gibt über verschiedene Dienste (zum Beispiel Feedburner) die Möglichkeit, den eigenen RSS-Feed auch per E-Mail-Signatur zu veröffentlichen und dadurch automatisch auf aktuelle Beiträge der eigenen Website hinzuweisen. Eine ähnliche Vorgehensweise wie beim E-Mail-Newsletter, den wir uns im nächsten Kapitel genauer anschauen werden.

Runde 13 – E-Mail-Newsletter finden und binden Kunden

Über den Nutzen der E-Mail-Kommunikation für die Neukunden-Akquise haben wir bereits in der vorherigen Runde ausführlich gesprochen. Auch sogenannte „Newsletter" (engl. „Briefe mit aktuellen Nachrichten") sind bereits vielen bekannt, erzeugen sie doch häufig Frust über zu volle Posteingänge oder weil Newsletter eintreffen, die nicht selbst bestellt wurden.

Der Gesetzgeber hat in den vergangenen Jahren erste Richtlinien erlassen, nach denen Newsletter-Betreiber ein sogenanntes „Doppel-Opt-In-Verfahren“ anwenden müssen. Dieses besagt, dass die Bestellung eines Newsletters durch eine zweite Anmeldung bestätigt werden muss. Wer seine E-Mail-Adresse auf einer Newsletter-Seite einträgt, erhält eine Bestätigungs-E-Mail mit einem speziellen Link. Erst nach Aufrufen dieser Seite ist die E-Mail-Adresse auch tatsächlich für den Newsletter eingetragen. Dadurch soll der unerlaubte Versand eingeschränkt werden, wobei sich Betrüger auch an solche Vorgaben leider nicht immer halten.

Die typische Situation bei Einzelkämpfern: „Ich habe gar keine Adressen, daher kommen Newsletter für mich nicht in Frage.“ Diese Antwort ist bequem und eine schöne Entschuldigung. Schauen wir doch einmal in die Trainer- und Beraterlandschaft:

- Lothar Seiwert (Zeitmanagement) hat fast 50.000 Newsletter-Abonnenten.
- Stéphane Etrillard (Rhetorik) hat fast 30.000 Leser.
- Marc Galal (Verkauf) hat 37.000 Leser.
- Martin Geiger (Effizienztrainer) hat fast 20.000 Interessenten.
- Sascha Langner (Online-Marketing) hat 6.500 Newsletter-Abonnenten.
- Roland Kopp-Wichmann (Persönlichkeitsentwicklung): 1.600 E-Mail-Empfänger.
- Gerold Braun (Direktmarketing) versendet seinen Newsletter an mehr als 1.000 Empfänger.

Es geht also. Wer möchte, kann Newsletter aufbauen. Es müssen ja nicht gleich 10.000 Leser sein. Doch wie wäre es, mit einem Newsletter 1.000 oder 2.000 Kunden regelmäßig ansprechen zu können und sich dadurch bei diesen Menschen in Erinnerung zu halten? Das wären 2.000 Kunden, die genau für Sie einen Auftrag haben oder Sie empfehlen könnten.

Wir sprechen im Zusammenhang mit der Neukunden-Gewinnung natürlich über einen rechtlich einwandfreien E-Mail-Newsletter-Versand, für den sich Kunden und Interessenten freiwillig eintragen und sich jederzeit ohne Mühe wieder abmelden können. Die Vorteile liegen auf der Hand: Sie können Ihre Kunden regelmäßig über Neuigkeiten, Produkte und Angebote informieren und sparen dabei enorme Porto- und Versandkosten.

Doch bietet ein E-Mail-Newsletter nicht nur Möglichkeiten zur Information. Nutzen Sie dieses Werkzeug, um Ihre (potenziellen) Kunden zu überraschen und zu begeistern. Vielleicht betreiben Sie ja bereits einen Newsletter. Welchen Mehrwert bieten Sie den Empfängern? Erhält Ihr Kunde immer nur reine Produkt- oder Leistungsinformationen oder bombardieren Sie ihn jede Woche mit Sonderangeboten?

Mein Tipp zur Kundenbindung: Sprechen Sie nicht nur darüber, was für ein toller Hecht Sie sind und was Sie alles anzubieten haben. Ködern Sie neue Kunden mit interessanten Hintergrundinformationen. Statt PR-Blabla könnten Sie Tipps und Ratschläge mitteilen, die für Ihre Kunden wichtig sind. Über Informationen, die einen Mehrwert für den Empfänger bedeuten, wird sich kaum jemand beschweren, sondern diese mit Begeisterung aufnehmen.

Wer einen Gartenhandel betreibt und im Newsletter auf neue Pflanzen im Sortiment hinweist, könnte die Kunden gleichzeitig über die richtige Pflege informieren. Zusätzliche Tipps für die perfekte Gartengestaltung oder Hinweise zu saisonalen Besonderheiten sorgen für zufriedene Gesichter und positionieren das Unternehmen nicht nur als Fachmann für Pflanzen (Produkte), sondern vermitteln zusätzlich ein naturverbundenes Lebensgefühl (emotionaler Nutzen). Dadurch heben Sie sich auch im Newsletter von Ihrem Wettbewerb ab und werden schon bald weiterempfohlen.

Checkliste „Sichtbarkeit im Internet erhöhen"

	Fragen	Ja	Nein	Notizen
1.	Haben Sie den Überblick, an welchen Stellen Ihr Unternehmen im Internet auftaucht?			
2.	Nutzen Sie bereits die wichtigsten Möglichkeiten, Ihr Unternehmen mit Adress- und Kontaktdaten im Internet sichtbar zu machen?			
3.	Existieren in Ihrem Web-„Sonnensystem" bereits einige Planeten, auf denen Sie die Fahne Ihres Unternehmens gehisst haben?			
4.	Nutzen Sie die zur Verfügung stehenden Branchenverzeichnisse, um stets erreichbar zu sein?			
5.	Wissen Sie, von welchen Verzeichnissen Sie besser die Finger lassen sollten?			
6.	Nutzen Sie die bestehende Werbe-„Hardware" (Visitenkarten, Flyer, Briefpapier etc.), damit Sie weitere Kunden gewinnen und einen guten Eindruck hinterlassen?			
7.	Nutzen Sie das Postskriptum (P.S.) in Ihrer E-Mail-Korrespondenz für gezieltes Marketing?			
8.	Haben Sie eine E-Mail-Signatur, in der auch Ihre Website angegeben ist?			
9.	Versenden Sie regelmäßig einen E-Mail-Newsletter?			
10.	Nutzen Sie Newsletter nicht nur, um zu werben, sondern auch, um wirklich zu informieren?			

5. Zwischenspurt (Runde 14 bis 31) – Suchmaschinen-Optimierung

Doch der Igel hat es nicht eilig. Er will erst noch zu Hause frühstücken. Also verabreden sich die Kontrahenten für den späteren Wettkampf. Auf dem Weg nach Hause denkt der Igel: „Der Hase verläßt sich auf seine langen Beine, aber ich will ihn schon kriegen. Er ist zwar ein vornehmer Herr, aber doch ein dummer Kerl, und das soll er bezahlen."

Ende der 1990er Jahre gab es mal einen Fernsehwerbespot mit Boris Becker für AOL. „Bin ich schon drin, oder was?" ist seitdem zum geflügelten Ausdruck geworden. Doch so wichtig es für ein Unternehmen vor zehn Jahren auch war, einen eigenen Internetauftritt zu haben – heute zählt das allein nicht mehr viel. Nur wer bei Google & Co. gut gefunden wird, kann im Internet erfolgreich handeln.

Wer sich hingegen nur auf seine langen Beine verlässt, ist – um bei der Sprache des Märchens vom Hasen und vom Igel zu bleiben – ein „dummer Kerl". Das Internet ist ein absolut schnelles und sich ständig veränderndes Medium. Ähnlich wie in der Mode ist das Netz verschiedenen Strömungen und Trends unterworfen und erfindet sich regelmäßig neu. Dabei geht es in der Regel aber nicht um Farben und Stoffe, sondern um eine Weiterentwicklung von Technologien und Anwendungen.

Beharrlichkeit und ein gesundes Maß an „Bauernschläue" sind hier gefragt: Die Suchroboter von Google & Co. haben ein ganz bestimmtes Beuteschema: Sie stehen nicht auf liebevoll gestaltete Websites. Für sie zählen nur harte Fakten, sprich: Texte, die verraten, um was es auf Ihrer Internetseite geht. Wer glaubt, die Maschinen einfach austricksen zu können, verkennt die Wandlungs- und Lernfähigkeit der digitalen Gesellen.

Sie kennen das sicher: Kaum steht der neue Hochleistungs-PC auf dem Schreibtisch, sind Geräte mit besseren Eigenschaften für weniger Geld auf dem Markt erhältlich. Programmiersprachen und Software-Standards verändern sich ebenfalls. Webbrowser werden überarbeitet und sind als Update in der nächsten Version verfügbar. Wer nicht aufpasst, dessen Website kann aufgrund von Sicherheitslücken manipuliert werden. Sie müssen der Wahrheit ins Auge blicken: Eine Internetseite von 2005 ist heute oftmals in vielerlei Hinsicht nicht mehr zeitgemäß. Alles, was früher (insbesondere in den 1990er Jahren) erstellt wurde, müssen wir heute sogar als „antiquiert" bezeichnen.

Genauso schnell verändert sich der Markt für Suchmaschinen, eine der Kernanwendungen des Internets. Jeden Tag werden Tausende von neuen Websites online veröffentlicht und drängen ebenfalls mit voller Kraft in den Suchindex. Genauso schnell, wie Ihre Website auf führenden Positionen landet, kann sie von dort auch wieder verschwinden, wenn Sie die Suchmaschinen nicht kontinuierlich im Auge behalten. Diese reagieren ständig auf aktuelle Entwicklungen und Trends im Internet. Gerade mit unsauberen Methoden stolpern vermeintliche „Suchmaschinen-Profis" über ihre „zu langen Beine" – stattdessen sollten Sie wie der Igel reagieren und mit klugem Kopf zu Werke gehen. Lesen Sie in den folgenden Runden, wie Suchmaschinen arbeiten und was Sie tun müssen, um bei Google & Co. ganz vorne mit dabei zu sein.

Infobox „Suchmaschinen-Optimierung für Produkte"

Wer seine Produkte über das Internet (zum Beispiel in einem Online-Shop) vertreiben möchte, steht ebenfalls vor der Herausforderung, von Google & Co. gefunden zu werden. Durch die hohe Verfügbarkeit allgemeiner Begriffe (zum Beispiel „Laserdrucker", „Lederjacken" oder „Luftballons") haben es Einsteiger in diesem Bereich sehr schwer. Zumal es auf Produktverkauf spezialisierte Online-Plattformen gibt (zum Beispiel http://www.billiger.de oder http://www.geizhals.de), die sich natürlich auch um die besten Plätze reißen. Ich muss zugeben, dass eine Positionierung in Suchmaschinen für diese Begriffe ein sehr mühsames Unterfangen ist, das häufig am fehlenden Budget scheitert.

Infobox „Suchmaschinen-Optimierung für Produkte“ (Fortsetzung)

Eine Alternative könnte sein, Ihr virtuelles Geschäft einfach dort zu eröffnen, wo sich bereits ohnehin viele Menschen tummeln. Ein nach wie vor blühendes Geschäftsfeld sind ebay-Stores (http://stores.ebay.de), in denen Sie Ihre Produkte über ebay hervorragend vermarkten können. Voraussetzung ist hier eine Anmeldung als gewerblicher Verkäufer. Dann können Sie eine für Sie passende Shop-Lösung einrichten. Aber auch bei ebay gibt es natürlich Konkurrenz, die Sie nicht unterschätzen sollten. Insofern könnte sich ein Blick auf einen Shop bei Amazon (http://www.amazon.de) oder Dawanda (http://www.dawanda.de) lohnen. Dawanda ist ein „Marktplatz für Einzigartiges“ und bietet vor allem Händlern alternativer Produkte eine tolle Möglichkeit zur Vermarktung.

Sicher gibt es noch zahlreiche andere Orte, an denen Sie am virtuellen Marktgeschehen teilnehmen können. Wichtig ist jedoch auch hier, eine systematische Vorgehensweise an den Tag zu legen. So empfiehlt es sich, auf der eigenen Website auf die Shops bei ebay oder Amazon hinzuweisen oder ein Weblog (siehe Runde 38) mit Informationen zu Ihren Produkten zu pflegen, die Sie bei Dawanda vertreiben. Dann klappt es am Ende auch mit der Suchmaschinen-Optimierung ...

Runde 14 – Wer suchet, der findet ... – auch Sie?

Wer in Suchmaschinen gute Positionen erreichen möchte, sollte sich zunächst einmal damit auseinandersetzen, wie diese überhaupt funktionieren. „Wie ‚tickt‘ Google?“ ist eine zugleich einfache und dennoch komplexe Frage. Ich habe mich entschieden, hier eine vereinfachte Antwort zu geben und in den kommenden Kapiteln allgemeines Basiswissen über Suchmaschinen und die Optimierung von Websites zu vermitteln. Ich stelle nämlich immer wieder fest, dass bei vielen Internetseiten nicht einmal die grundlegenden Voraussetzungen berücksichtigt wurden. „Alten Hasen“ im Suchmaschinen-Geschäft sei hingegen weiterführende Literatur empfohlen, die Sie im Anhang dieses Buches aufgeführt finden.

Zunächst einmal ist es wichtig, sich mit der Hauptaufgabe einer Suchmaschine auseinanderzusetzen. Es handelt sich dabei um eine Software, die in der Lage ist, für einen Suchbegriff relevante Ergebnisse auszuspucken. Ähnlich verhält es sich ja auch beim einfachen Durchsuchen einer Website. Grundlegender Unterschied: Suchmaschinen müssen sehr viel mehr Datengrundlagen (Milliarden und Abermilliarden von Websites) verarbeiten und erhalten eine schier unglaubliche Anzahl an Suchanfragen. Aus diesem Grunde werden die Verfahren zum Erfassen von Inhalten und auch die Methoden zur Darstellung von Suchergebnissen immer weiter verfeinert. Google beispielsweise hat einen ganz speziellen Suchalgorithmus entwickelt, der nur zu einem gewissen Teil öffentlich bekannt ist (um Manipulationen vorzubeugen) und der für möglichst gute Ergebnisse sorgt.

Dazu kommt, dass viele Suchmaschinen-Optimierer versuchen, mit kleinen Tricks die besten Plätze zu ergattern, obwohl ihre Seiten inhaltlich vielleicht gar nicht genau zum Suchbegriff passen. Schließlich bringen gute Ergebnisse neue Besucher – Besucher bringen durch die Einblendung von Werbebannern gutes Geld. Kleinvieh macht vor allem in diesem Bereich eine Menge Mist.

Ob sich die Besucher wohlfühlen oder schnell wieder wegklicken, spielt für diese Form von Spezialisten eine untergeordnete Rolle. Anders verhält es sich mit den Suchmaschinen: Wer nach „Handwerker München" sucht und nur Handwerksfirmen aus Hamburg und Berlin findet, der wird die Suchmaschine beim nächsten Mal vielleicht nicht wieder bemühen. Ein einsichtiger Grund, wieso Google & Co. alles daran setzen, ihre Verfahren immer weiter zu verbessern.

Eine Kenngröße bei Google für die Relevanz einer Website ist der sogenannte „Pagerank" (PR). Dieses System vergibt jeder Website Punkte auf einer Skala von 0 bis 10, wobei die Skalierung im Hintergrund noch sehr viel detaillierter ausfällt. Eine Website mit hohem Pagerank wird häufig von anderen Internetseiten verlinkt, die zumeist ebenfalls einen hohen Pagerank haben. Viele Empfehlungen anderer hochwertiger Seiten zeugen von der Qualität der eigenen Website. Wer nur wenige Link-Empfehlungen von eher „unwichtigen“ Seiten bekommt, wird sicher nicht gerade als Frauenschwarm oder Märchenprinz wahrgenommen.

Abbildung 4: Um den Pagerank einer Website herauszufinden, gibt es verschiedene Möglichkeiten. Neben zahlreichen Online-Tools zur Messung des Pageranks bietet sich auch die – bei vielen Webbrowsern installierte – Google Toolbar an. Bei Spiegel.de zeigt der grüne Balken (siehe Pfeil) einen Pagerank von 8 an.

Die Relevanz eines hohen Pageranks für die Positionierung in Suchmaschinen wird seit einiger Zeit unter den Fachleuten heiß diskutiert. Aber auch wenn sich die Platzierung eines Sucheintrags nicht nur am Pagerank festmachen lässt (schließlich spielen viele andere Faktoren ebenfalls eine Rolle), so gibt der Vergleich der eigenen Website mit dem Pagerank der Konkurrenz einen ersten Anhaltspunkt, wieso die gewünschte Platzierung vielleicht noch nicht erreicht ist.

Bitte beachten Sie, dass die Pagerank-Skala nicht gleichmäßig unterteilt ist. Die Luft wird nach oben hin immer dünner, sodass nur ganz wenige Websites überhaupt einen PR von 7 oder höher haben. Interessanterweise gibt es nur zwei Hände voll Websites mit einem Pagerank von 10, darunter natürlich Google, die NASA und das Weiße Haus. Um seinen Pagerank zu verbessern, sind Empfehlungen von anderen Websites nötig, die einen hohen Pagerank aufweisen.

Anbieter	URL	Pagerank
Spiegel Online (Zeitschrift)	www.spiegel.de	PR 8
Evangelische Kirche Deutschland (Kirche)	www.ekd.de	PR 7
Financial Times Deutschland (Zeitschrift)	www.ftd.de	PR 7
DUDEN (Verlag)	www.duden.de	PR 7
TV Movie (Fernsehzeitschrift)	www.tvmovie.de	PR 6
Geizkragen (Shoppingportal)	www.geizkragen.de	PR 6
Berlin (Hauptstadt-Portal)	www.berlin.de	PR 5
Marketing.de (Infoportal)	www.marketing.de	PR 5
Neukunden-Magnet (Weblog)	www.neukunden-magnet.de	PR 5
Thoxan (Werbeagentur)	www.thoxan.com	PR 4

Abbildung 5: Auswahl an deutschen Websites mit Google-Pagerank

Die einzelnen Bausteine des Suchalgorithmus sind sehr vielfältig und werden von Zeit zu Zeit verändert, neu gewichtet und ergänzt. Sofern Sie aber Ihre Website für nicht allzu prominente Suchbegriffe optimieren wollen, sollte das Wissen um die wichtigsten Verfahrensweisen bereits ausreichen, um eine gute Position zu erlangen. Darum geht es schließlich bei der Suchmaschinen-Optimierung: Wer seine Website optimiert, der verändert und bearbeitet sie insoweit, dass sie für ausgewählte Suchbegriffe eine bessere Platzierung einnimmt.

Lassen Sie mich ein praktisches Beispiel einschieben: Ein Zahnarzt aus Posemuckel möchte für den Suchbegriff „Zahnarzt" bei Google unter die ersten Treffer gelangen. Allerdings wollen dies ungefähr 6,5 Millionen andere Webseitenbetreiber ebenfalls (so viele Ergebnisse spuckt die Suchmaschine nämlich für diesen Begriff aus). Wie Sie sich vorstellen können, sind mehr und deutlich aufwendigere Maßnahmen notwendig, um dieses Ziel zu erreichen als etwa für eine Begriffskombination wie „Zahnarzt Posemuckel" oder „Zahnarzt Löhne". Im ersten Fall liegen lediglich 73 unterschiedliche Treffer vor, während die zweite Kombination bereits über 90.000 Ergebnisse ausspuckt – aber immer noch rund sechseinhalb Millionen mal weniger als beim Top-Begriff.

Ich kann jetzt Ihre Gedanken lesen! – Sie haben ganz recht: „Zahnarzt Posemuckel" sucht ja auch niemand, wesentlich attraktiver ist jedoch die zweite Begriffskombination (sofern Sie eine Praxis in Löhne haben). Es ist also völlig unnötig, eine Website für Kombinationen zu optimieren, nach denen keiner sucht. Ebenfalls ist es nicht zu empfehlen, Keywords zu wählen, die zu unkonkret sind und nach denen zu viele suchen. Oder glauben Sie, dass Herr Dr. Posemuckel aus Löhne einen Patientenstamm aus dem gesamten Bundesgebiet aufbauen kann? Viel effektiver ist es, das Keyword mit Städten aus seiner Region zu kombinieren oder spezielle Leistungen aus seiner Praxis als Schlüsselbegriff zu optimieren.

Ich denke, Sie verstehen bereits jetzt den Unterschied: Viele Suchtreffer bedeuten hohen und manchmal unnötigen Aufwand, wenige Suchtreffer bedeuten weniger Aufwand. Aus meiner Erfahrung heraus würde ich Begriffe oberhalb von 100.000 Suchtreffern als „sportlich" bezeichnen und Begriffe mit mehr als 1.000.000 Suchtreffern als „aufwendig" (aber nicht unmöglich). Sofern Ihre Begriffskombination sich eher um die kleinere der beiden Zahlen dreht, kommen Sie mit den Tipps in den folgenden Kapiteln schon ein ganzes Stückchen näher an Ihr Ziel heran.

Allen, die lieber gleich die Weltherrschaft an sich reißen möchten (oder müssen) und nach einer Top-Position für extrem populäre Suchbegriffe streben, empfehle ich weiterführende Literatur oder die Konsultation eines professionellen Suchmaschinen-Spezialisten.

Kurzer Exkurs zu diesem Thema: Ein guter Suchmaschinen-Optimierer ist wie ein guter Arzt. Achten Sie bei Ihrer Auswahl darauf, dass Ihr Dienstleister Ihnen die Ergebnisse seiner Arbeit verständlich dokumentiert und nach der sogenannten „White Hat"-Methode vorgeht. Mit dem „Weißen Hut" sind Verfahren gemeint, bei denen keine unerlaubten Maßnahmen verwendet werden. Im Gegensatz dazu steht die „Black Hat"-Methode („Schwarzer Hut"), bei der Suchmaschinen-Optimierer nach Möglichkeiten suchen, Google & Co. zu manipulieren.

Wer in der Suchmaschinen-Optimierung tatsächlich Erfahrung hat und Sie nachhaltig und langfristig positionieren will, macht aus seiner „Behandlungsmethode" kein Geheimnis. Er erklärt Ihnen die Vorgehensweise, wann es wehtut und wie bald mit der Genesung Ihrer Website zu rechnen ist.

Fassen wir noch einmal zusammen: Suchmaschinen sind dazu da, Suchanfragen mit möglichst optimalen Ergebnissen zu beantworten. Unter „Suchmaschinen-Optimierung" versteht man die technische und inhaltliche Verbesserung einer Website, aber auch Maßnahmen zur Steigerung ihrer Relevanz.

An dieser Stelle möchte ich noch zwei Fachbegriffe einführen: „Onpage-Optimierung“ und „Offpage-Optimierung“. Vereinfacht ausgedrückt, fällt jede Form der Verbesserung auf der Website selbst in den Bereich der „Onpage-Optimierung“. Darüber hinaus gibt es Maßnahmen, mit denen Sie gewissermaßen außerhalb Ihres Onlineangebotes dafür sorgen können, dass sich die Position in Suchmaschinen verbessert. Wer etwa eine hohe Anzahl von Links aufweisen kann, die auf das eigene Angebot verweisen (sogenannte „Backlinks“), wird von Google & Co. als wichtig eingestuft. Der Linkaufbau fällt demzufolge unter die „Offpage-Optimierung“.

Runde 15 – Websites objektiv bewerten – Schwachstellen erkennen und beheben

Im Bereich der Suchmaschinen-Optimierung gibt es eine Reihe schwarzer Schafe. Aussagen wie „Jetzt kostenlos in über 300 Suchmaschinen anmelden!“ oder „Für nur 299 Euro garantieren wir Ihnen die besten Plätze!“ oder „Wir optimieren Ihre Metatags!“ sind mit Vorsicht zu genießen. Wer seine Website erfolgreich (und vor allem nachhaltig) in Google und anderen Suchmaschinen positionieren will, muss sich umfassend damit beschäftigen, wie Suchmaschinen „ticken“ und welche Methoden langfristig zu einer besseren Positionierung führen. Eine schnelle Anmeldung in Suchmaschinen oder die Optimierung von Metatags sind nur ein Tropfen auf den heißen Stein. Ein bisschen tiefer müssen wir schon bohren, wenn Ihre virtuelle Quelle vor Besuchern sprudeln soll.

Um sich einen ersten Überblick über die Stärken und Schwächen einer Website in Bezug auf Suchmaschinen zu verschaffen, gibt es im Internet eine ganze Reihe von Werkzeugen, die Online-Auftritte objektiv messen und bewerten. Ich habe verschiedene Tools selbst ausprobiert und arbeite auch mit unterschiedlichen Analysemethoden, aber für einen „Quickcheck“ hat mir das Angebot von Seitwert (http://www.seitwert.de) am besten gefallen, das ich an dieser Stelle empfehlen möchte.

Machen wir mal einen Test mit unserem Agenturweblog „Neukunden-Magnet“. Voilà:

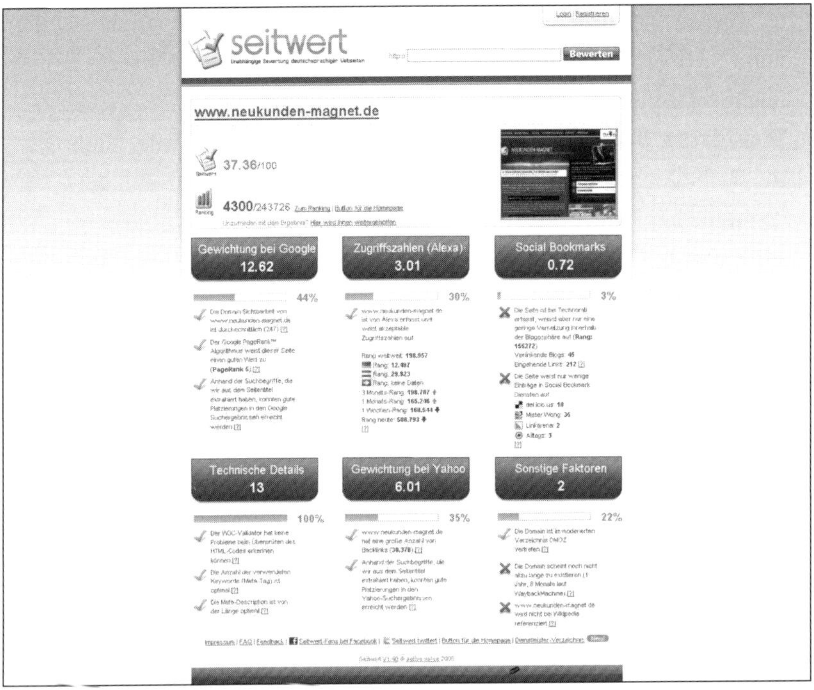

Abbildung 6: Neukunden-Magnet – Auswertung bei Seitwert

Was ich an Seitwert besonders schätze, ist zum einen die grafische Aufbereitung der Daten und zum anderen die Vergleichbarkeit mit anderen Seiten. Das Neukunden-Magnet-Weblog (Stand Herbst 2008) ist mit 37,36 Punkten auf Platz 4300 von 243726 bisher getesteten Seiten. In sechs Kategorien sehe ich die Stärken und Schwächen meiner Website:

- **Sex-Appeal für Google.** Habe bei Google einen Pagerank von 5, Domain-Sichtbarkeit ist durchschnittlich, drei grüne Häkchen – alles in Butter.

- **Zugriffszahlen bei Alexa.** „Akzeptable Zugriffszahlen“, immerhin drei Pünktchen.
- **Social Bookmarks.** Meine Vernetzung in der sogenannten „Blogosphäre“ (Gesamtheit verschiedener Weblogs) war auch schon mal besser. Hier muss ich mal wieder was tun. (An alle Blogger unter den Lesern: Nehmt mich in Eure Blogroll auf ... ☺ !)
- **Technische Details.** Absolut sauberer und valider Quellcode. Metatags für Suchmaschinen sind vorhanden und alle anderen Faktoren sind ebenfalls berücksichtigt – volle Punktzahl.
- **Linkwert bei Yahoo.** Über 30.000 Backlinks sind eine schöne Sache und bringen gute Punkte.
- **Sonstige Faktoren.** Ich bin bisher nicht in Wikipedia referenziert, aber im DMOZ verlinkt, einem wichtigen Websitenverzeichnis. Die Domain existiert auch noch nicht allzu lange – hier kann ich aktiv leider wenig machen ... – schließlich ist auch das Alter einer Website für Suchmaschinen relevant.

Alles in allem zwar ein zufriedenstellendes Ergebnis für mich, aber es gibt natürlich immer noch etwas zu tun (zum Beispiel weiter an meiner Verlinkung arbeiten). Dennoch zeigt der gute Punktwert, warum der Neukunden-Magnet im Web recht gut gefunden wird (derzeit Platz 3 in Google für „Neukunden“).

Keine Hilfe ist mir der Test allerdings in Bezug auf Schlüsselbegriffe oder andere Einflussfaktoren, da das Analyse-Tool Seitwert natürlich nicht wissen kann, durch welche Begriffe ich bei Google & Co. gefunden werden will. Es ist – wie gesagt – nur ein erster Schnelltest mit den wichtigsten Messpunkten, der Ihnen hilft, den Einstieg zu finden. Sind es eher technische Hürden? Haben Sie zwar eine sehr alte Domain und im Bereich „Sonstiges“ viele Punkte, aber nur wenige Backlinks und einen niedrigen Pagerank? Hier sehen sie auf einen Blick, wo die Hütte brennt.

Sicher können Sie es kaum erwarten, Ihre Seite jetzt selbst zu testen. Na klar, legen Sie gerne das Buch zur Seite und geben Sie Ihre Internetadresse bei www.seitwert.de ein. Wenn Sie zurück sind, sprechen wir über die weitere Vorgehensweise zur Optimierung Ihrer Website.

Runde 16 – Das Märchen von den Metatags

Schön, dass Sie wieder da sind und weiterlesen wollen. Ich kann natürlich überhaupt nicht beurteilen, ob Sie nach dem Seitwert-Test Ihrer Website nun erfreut, enttäuscht, frustriert oder einfach nur gespannt sind, wie es weitergeht. Vielleicht haben Sie ja auch die Websites Ihrer Wettbewerber durchgetestet und sind jetzt nicht mehr so erstaunt, wieso andere im Internet einfach besser gefunden werden.

Letztlich halte ich eine ehrliche Bestandsaufnahme allemal für besser, als über Geschmack zu streiten oder eigene Kriterien für professionelles Webdesign zu definieren. Tools wie Seitwert bieten eine objektive Messung von Internetseiten nach wichtigen Kriterien, die auch für Suchmaschinen relevant sind. Nicht mehr und nicht weniger.

Vergleichen Sie doch einmal den Seitwert Ihres Online-Auftritts mit den Websites Ihres Wettbewerbs. Ein ebenso leichter Test ist der Vergleich von Positionen in Google & Co. für bestimmte Suchergebnisse. Sicher ergeben sich da eindrucksvolle Parallelen. So mancher potenzielle Kunde war schon bass erstaunt, als er endlich verstanden hat, wieso seine Website im Vergleich zu anderen so schlecht abgeschnitten hat. „0 Punkte“ im technischen Bereich, gerade mal „10 eingehende Links“ und ein „Pagerank 1“ bei Google zeigen recht deutlich die wichtigsten Gründe für eine abgeschlagene Position in Suchmaschinen auf.

Kommen wir aber nun zum – im Titel dieses Kapitels versprochenen – „Märchen von den Metatags": Es waren einmal die Metatags, die lebten still und vergnügt ein beschauliches Leben. Die kleinen Kerle waren in aller Welt berühmt für ihre durchschlagende Wirkung in Suchmaschinen. Was in den Metatags stand, war Gesetz. Die wichtigsten 300 Schlüsselbegriffe und eine ausführliche Beschreibung im Quelltext jeder Internetseite zeigten, dass Webmaster ihre Arbeit verstanden.

<meta name="keywords" content="Spenden Hilfsorganisationen Hilfsorganisation Spende Nothilfe Erdbeben Seebeben Tsunami Hurrikan Katastrophen" />

<meta name="description" content="Aktion Deutschland Hilft: Ein Spendenkonto – 18 Hilfsorganisationen. Ausgezeichnet mit DZI-Spenden-Siegel." />

Metatags von http://www.Aktion-Deutschland-Hilft.de

Doch leider haben sich die Metatags nicht gut benommen. Immer mehr Schlüsselbegriffe wurden in diesen Angaben versteckt, obwohl der Inhalt auf der Seite gar nicht mit den Wörtern übereinstimmte. „Sex sells" lautet ja ein bekannter Marketing-Slogan – so wurden auch die Metatags immer häufiger für Keyword-Spam missbraucht. Schließlich führen Schlüsselbegriffe aus dem horizontalen Gewerbe noch immer die Listen der meistgesuchten Wörter in Google & Co. an. Verständlich, dass viele Webmaster diese Keywords auch in ihren Metatags einbauen wollten, um die Besucherzahlen zu steigern.

Wir erinnern uns, dass Suchmaschinen in erster Linie relevante Ergebnisse liefern wollen. Deshalb hat allen voran Google eines Tages beschlossen, die Zusammenarbeit mit den kleinen Metatags auf ein absolutes Minimum zu reduzieren. Die Gelehrten und Könige der Suchmaschinen-Optimierung streiten heute darüber, ob Metatags für Google überhaupt noch wichtig sind. Es sind sich jedoch alle darin einig, dass es bei Weitem nicht ausreicht, eine Website mit Metatags auszustatten, um sie dann als „suchmaschinenoptimiert“ zu bezeichnen. Wer das behauptet, ist wahrlich ein Märchenerzähler oder in der Steinzeit des Internets stehen geblieben.

Runde 17 – Gute Metatags, schlechte Metatags

Metatags haben ihre ursprüngliche Bedeutung in der Suchmaschinen-Optimierung großteils verloren. Doch ich will auch nicht alle Metatags über einen Kamm scheren; zum einen gibt es doch noch die eine oder andere Suchmaschine, die in dieser prähistorischen Zeit des Internets stecken geblieben ist. Zum anderen können Sie diese possierlichen Gesellen immerhin dazu verwenden, Google & Co. die Arbeit ein wenig zu erleichtern – die Suchmaschinen werden es Ihnen danken.

Ich vertrete den Ansatz, dass es nicht schadet, eine aussagekräftige Beschreibung („description“) und eine Liste von maximal zehn Schlüsselbegriffen („keywords“) in den Metatags unterzubringen. Die Beschreibung dient dazu, in den Ergebnissen der Suchmaschinen eine sinnvolle Bezeichnung zu platzieren. Mit einer guten Beschreibung erzeugen Sie also vor allem eine Sogwirkung bei denjenigen, die Ihre Website in der Trefferliste von Google finden.

Die Keywords haben für Google ihre Relevanz weitestgehend verloren – ein unachtsamer, wenn auch nicht unbedingt böswilliger Einsatz kann sogar zu einer Abstrafung durch den Giganten unter den Suchmaschinen führen. Denn eines ist ganz wichtig: Die Beschreibung und die Keywords müssen auf jeden Fall die Inhalte der einzelnen Unterseite abbilden. Verwenden Sie keine Begriffe, die nicht auch im Text Ihrer Website vorkommen. Ansonsten setzen Sie Ihre hart erkämpfte Position bei Google & Co. aufs Spiel.

Ich nutze Keywords daher nicht, um Suchmaschinen-Optimierung zu betreiben. Das Brainstorming um die zehn besten Schlüsselbegriffe hilft einfach dabei, die eigentliche Onpage-Optimierung besser zu planen. Die sprachliche Verknappung der Inhalte auf eine Beschreibung mit circa 160 Zeichen kann dazu dienen, wertvolle Hinweise für die Erstellung der eigentlichen Inhalte zu geben.

Zusätzlich zu den bereits genannten Metatags gibt es weitere, die dazu dienen, Google & Co. ein wenig an die Hand zu nehmen. Seien Sie im Umgang mit Suchmaschinen bitte besonders gastfreundlich. Wie bei Ihrem realen Zuhause, so sollten Sie im Internet auch ein kleines Namensschild anbringen; dieses geschieht mithilfe des Metatags „author":

<meta name="author" content="Horst Müller" />

Nachdem Suchmaschinen nun wissen, mit wem sie es zu tun haben, sollten Sie sie auch hereinlassen. Wie wir im nächsten Kapitel noch sehen werden, dient unter anderem der „robots-Metatag" dazu, den Suchroboter durch Ihre Website zu führen oder ihm die Tür vor der Nase zuzuschlagen:

<meta name="robots" content="index, follow" />

Damit sind die wichtigsten Voraussetzungen für eine erfolgreiche Kommunikation zwischen Google und Ihnen bereits erfüllt. Um jeglichen Sprachschwierigkeiten vorbeugen zu können, bietet der Metatag „language" die Möglichkeit, den Suchmaschinen mitzuteilen, welche Sprache Sie auf Ihrer Website eigentlich sprechen:

<meta name="language" content="de" />

Deutlich weitreichendere Möglichkeiten, über Metatags sinnvolle Informationen zur eigenen Website zu geben, bietet der sogenannte Dublin Core (D.C.) Standard. Hierbei handelt es sich um einen Versuch, den veralteten und aus Sicht der Suchmaschinen unbeliebten Metaangaben neues Leben einzuhauchen. Im Grunde lassen sich nahezu sämtliche Informationen, die Ihre HTML-Dokumente betreffen, mittels D.C. übermitteln. Neben den bereits bekannten Tags können Sie beispielsweise das Datum der Erstellung Ihrer Website anzeigen. Aber auch Angaben darüber, ob Ihre Internetpräsenz hauptsächlich Bilder oder Tondokumente enthält, sind mit diesem Standard kein Problem.

Der Dublin Core (D.C.) Standard ist eine Entwicklung, mit der sich die Metatags künftig wieder stärker etablieren könnten. Tatsächlich gibt es kaum eine Suchmaschine, die ihre Verwendung nicht unterstützt. Und auch das World Wide Web Consortium (W3C, http://www.w3.org) zeigt sich von dieser „Wiederauflage" der possierlichen Gesellen äußerst angetan. So mag es durchaus sein, dass ein Kapitel über böse Metatags in Zukunft gar nicht mehr geschrieben werden muss oder allenfalls historischen Wert hat.

Runde 18 – Suchmaschinen reinlassen oder bewusst aussperren

Wer Gäste einlädt, den Tisch deckt und feines Essen zubereitet, wird sich doch beim Klingeln an der Tür nicht im Badezimmer verstecken, oder? Seltsamerweise verhalten sich einige Webmaster genau so und wundern sich dann, wieso Mister Google und Madame Yahoo nicht zum Abendessen erscheinen.

Zu bestimmten Zeiten macht es durchaus Sinn, den Besuch von Suchmaschinen zu unterbinden, etwa beim Aufbau der Seite oder bei der Renovierung eines Teilbereichs. Die Gäste müssen ja auch nicht in jedes Zimmer gucken. Doch wer seine Website für Suchmaschinen optimiert und im Suchindex gelistet werden möchte, darf die Tür für die Suchroboter nicht verschließen, sondern muss sie freundlich empfangen. Es gibt zwei Möglichkeiten, um Suchmaschinen auszusperren oder hereinzulassen:

Metatag „robots". Wer in den Metatags eine Angabe ähnlich wie bei den Schlüsselbegriffen oder der Beschreibung hinzufügt, kann Suchmaschinen vom Indexieren und Durchsuchen seiner Website abhalten:

<meta name="robots" content="noindex" /> bedeutet dem Suchroboter, die Seite nicht in den Suchergebnissen aufzunehmen. Wer diesen Metatag weglässt oder auf „index" setzt, der erlaubt hingegen das Erfassen der Seite bei Google.

<meta name="robots" content="nofollow" /> heißt für den Suchroboter, dass Links auf der Website nicht durchsucht werden sollen und damit für die Positionierung keine Rolle spielen. Hier läuft es ebenfalls nach dem gleichen Prinzip: Wenn Sie den Metatag weglassen oder auf „follow" setzen, werden alle ausgehenden Links ebenfalls untersucht und indexiert.

Sie können beide Befehle auch kombinieren und mit einem Komma trennen:

<meta name="robots" content="noindex,nofollow" />

robots.txt erstellen. Ein Suchroboter schaut bei seinem Besuch immer zuerst nach, ob es auf dem Webserver eine Textdatei namens „robots.txt" gibt. Hier haben Sie die Möglichkeit, das Indexieren ebenfalls zu erlauben oder zu unterbinden. Schreiben Sie in die Textdatei einfach:

```
User-agent: *
Disallow:
```

Jetzt können die Suchmaschinen Ihre Website durchsuchen. Wer seine Seite hingegen schützen möchte, schreibt:

```
User-agent: *
Disallow: /
```

Der Schrägstrich steht hier für das gesamte Webverzeichnis, kann aber auch durch spezielle Unterordner oder Dateien innerhalb Ihrer Website ersetzt werden. Nutzen Sie hier am besten spezielle robots.txt-Generatoren, die Ihnen die Angaben genau nach Ihren Wünschen ausspucken.

Egal, ob Sie das robots-Metatag oder die robots.txt-Datei einsetzen – Sie sollten auf jeden Fall sicherstellen, dass die Suchroboter nicht ausgeschlossen werden, wenn Sie Ihre Seite bei Google und anderen Suchmaschinen finden wollen. Schauen Sie doch schnell mal nach, wie „gastfreundlich" Ihre Website überhaupt ist! Für den Fall, dass Sie überhaupt nicht fündig geworden sind: Wenn das Metatag „robots" oder eine entsprechende robots.txt-Datei nicht existiert, steht den Suchmaschinen die Tür offen – hereinspaziert!

Runde 19 – Passende Keywords sind der Schlüssel zum Erfolg

Jetzt kommen wir endlich zu den schon mehrfach erwähnten „Schlüsselbegriffen". Vielleicht wird es jetzt ein wenig **zu** einfach für meine geneigte Leserschaft, aber eine ganz elementare Grundlage muss ich an dieser Stelle einfach noch mal ganz deutlich wiederholen: Wer unter einem bestimmten Suchwort bei Google gefunden werden möchte, muss diesen Begriff auf seiner Website auch verwenden! Wenn eine Filmproduktion aus Ostwestfalen bei Google auf die vorderen Ränge marschieren möchte, dann müssen „Filmproduktion" und „Ostwestfalen" auch auf der Website vorkommen. Genau so macht es mein Geschäftspartner Ralf Springhorn, wie es das Suchergebnis in Google zeigt:

> Ralf Springhorn | **Filmproduktion** Imagefilme Werbefilme Messefilme ...
>
> Springhorn.Media – **Filmproduktion aus Ostwestfalen.** Die Zeiten, in denen Werbefilme ausschließlich für Kino oder Fernsehen produziert wurden, sind längst vorbei.
>
> http://www.ralfspringhorn.de

Wie Sie sehen, kommen die Begriffe „Filmproduktion" und „Ostwestfalen" nicht nur in der Titelzeile des Browsers, sondern auch im Beschreibungstext der Website vor. Darüber hinaus tauchen beide Begriffe mehrfach auf der Startseite (und natürlich auf weiteren Unterseiten) des Internetauftritts auf.

Klingt kinderleicht? Ist es auch! – Wieso werden dann gerade diese einfachen Zusammenhänge von so vielen Unternehmen nicht angewendet? Ich sehe noch immer sehr viele Firmen-Websites, auf denen als Titel „Home" steht, deren Startseite aus einem blinkenden Flash-Intro besteht („Skip" ist kein sinnvolles Keyword!) und die ansonsten auf ihren Unterseiten kaum Text enthalten. Kein Wunder, dass es an der Auffindbarkeit in Google hapert.

Fassen wir diese elementaren Weisheiten also noch einmal zusammen: Erwünschte Suchbegriffe müssen auf der Internetseite vorkommen, damit Google die Unterseiten mit diesen Wörtern in den Datenbestand aufnehmen kann. Die Hausaufgabe für heute lautet also: Erstellen Sie eine Liste mit den zehn wichtigsten Schlüsselbegriffen, die zum Thema oder zum Angebot Ihrer Website am besten passen. Bringen Sie diese Begriffe möglichst geschickt auf der eigenen Website unter. Über das richtige Händchen zur Verteilung erfahren Sie im nächsten Kapitel noch mehr.

Keyword-Tools und andere nützliche Helfer

Google AdWords Keyword Tool	https://adwords.google.de/select/KeywordToolExternal
Google Trends	http://www.google.de/trends
Suchmaschinen Spider-Simulator	http://www.webconfs.com/search-engine-spider-simulator.php
Monsterkey	http://www.monsterkey.de

Um geeignete Keywords zu finden, überlegen Sie einfach, welche Begriffe Sie eingeben würden, wenn Sie nach ähnlichen Produkten oder Angeboten suchen möchten. Welche Wörter beschreiben Ihr Produkt oder Ihre Dienstleistung am besten? Denken Sie dabei vor allem an Kombinationen aus zwei oder drei Begriffen: Wenn Sie regional arbeiten, kombinieren Sie die Suchwörter mit Städten oder Ortsteilen. Geben Sie die Suchbegriffe in Google ein und testen Sie, wie viele Treffer Sie erzielen. Fragen Sie Bekannte, Mitarbeiter und Kollegen, welche Begriffe sie in der Suchmaschine eingeben würden, um Ihr Angebot zu finden. Keywordlisten zu erstellen, ist häufig echtes Brainstorming – lassen Sie es stürmen!

An dieser Stelle sei ein Querverweis erlaubt: Schauen Sie noch einmal in Runde 3 „Spezialisierung steigert die eigene Attraktivität". Wenn Sie ein klares Profil haben und Experte auf einem bestimmten Fachgebiet sind, verwenden Sie für Ihre Suchmaschinen-Optimierung Begriffe, die diese Positionierung beschreiben. Google sorgt dann dafür, dass genau die Menschen zu Ihnen finden, die einen Spezialisten Ihrer Profession suchen.

Runde 20 – Mit Keyword Stuffing ins Abseits geraten

Auf die richtigen Keywords kommt es an. Doch übertreiben Sie nicht! Eine allzu häufige Verwendung ist kontraproduktiv! Es wäre ja ein Leichtes, auf meiner Seite einfach „Suchmaschinen-Optimierung, Suchmaschinen-Optimierung, Suchmaschinen-Optimierung" zu schreiben. Oder „Steuerberater, Steuerberater, Steuerberater". Oder „Farblaserdrucker, Farblaserdrucker, Farblaserdrucker".

Diese ziemlich plumpe Wiederholung ist nicht nur ein Albtraum für jeden Leser, sondern wird von Suchmaschinen auch als „Keyword Stuffing" abgestraft. Das Lexikon zur Suchmaschinen-Optimierung definiert diesen Begriff wie folgt:

> **Keyword Stuffing**, Dt. „mit Keywords füllen". Mit dem Ziel, für ein bestimmtes Keyword ein gutes Ranking zu erzielen, werden Webseiten mit einem Keyword vollgestopft. In primitiven Varianten werden Keywords einfach reihenweise wiederholt. Plumpes Keyword Stuffing wird von Suchmaschinen sicher erkannt und als Spam gewertet.
>
> (Quelle: http://www.lexikon-suchmaschinenoptimierung.de/keyword-stuffing.htm)

Es geht also darum, Keywords zwar häufig im Text unterzubringen, aber bitte nicht **zu** häufig und schon gar nicht als mehrfache Wiederholung in einem Satz oder Abschnitt. Wie so oft im Leben kommt es auf Ausgewogenheit an.

Aber auch eine sinnvolle Verteilung ist wichtig. So macht es mehr Sinn, ein Keyword jeweils ein bis zwei Mal in verschiedenen Bereichen der Website unterzubringen als den Schlüsselbegriff immer nur im Text einzubauen. Sinnvoll wäre es beispielsweise, das Suchwort im Titel der Seite, in der Internetadresse (Seiten-URL), in der Überschrift, in Zwischenüberschriften, in einem Link, im Text, in Fettschrift und als Listenelement auftauchen zu lassen. So sind alle Elemente genügend berücksichtigt und die Texte sind für Leser und Suchmaschinen gleichermaßen ausgewogen. Im nächsten Kapitel zeige ich Ihnen, wie Sie die richtige Verteilung sogar hinterher messen können.

Runde 21 – Gut gemischt ist halb gewonnen!

Keywords sind wichtig und sollen für eine gute Suchmaschinen-Optimierung möglichst häufig vorkommen. Doch zu viele Keywords haben zum Teil gravierende Nachteile, wie wir im vorigen Kapitel erkennen konnten. Der Grat ist schmal – wie lässt sich denn das gesunde Mittelmaß finden?

Mit der „Keyword-Dichte" bekommen Sie einen Anhaltspunkt für die richtige „Mischung". Damit ist das Verhältnis eines Suchbegriffs zur Anzahl der Zeichen auf der Webseite insgesamt gemeint. Es lässt sich prozentual messen, wie häufig („dicht") der Schlüsselbegriff auf einer Website vorkommt.

Als Basis für eine Beispielanalyse soll der Vergleich einer Webseite des Restaurants Pohlmann aus Herford vor und nach der textlichen Bearbeitung dienen:

Restaurant Pohlmann vor der Bearbeitung	Restaurant Pohlmann nach der Bearbeitung
1. hotel = 4 Treffer = 1.91 % 2. wir = 3 Treffer = 1.26 % 3. pohlmann = 3 Treffer = 1.26 % 4. schöne = 3 Treffer = 1,26 % 5. restaurant = 2 Treffer = 0,67 % 6. teutoburger = 2 Treffer = 0,67 % 7. feierlichkeiten = 2 Treffer = 0,67 %	1. **restaurant** = 21 Treffer = 6.91 % 2. **herford** = 16 Treffer = 5.26 % 3. pohlmann = 11 Treffer = 3.62 % 4. stadthotel = 7 Treffer = 2.30 % 5. partyservice = 6 Treffer = 1.97 % 6. hotel = 4 Treffer = 1.32 % 7. bielefeld = 4 Treffer = 1.32 %
(nicht mehr existent)	www.stadthotel-pohlmann.de/restaurant

Als Werkzeug zur Überprüfung der Keyword-Dichte habe ich einen niederländischen Anbieter gewählt (http://www.ranks.nl/tools/spider.html). Hier muss ich mich nicht auf einen bestimmten Begriff festlegen, sondern bekomme eine Übersicht über den kompletten Inhalt der Unterseite. Ähnlich sieht es bei 2-Wort-Kombinationen der Website nach der Bearbeitung aus:

1. restaurant herford = 7 Treffer = 4.61 %
2. stadthotel pohlmann = 7 Treffer = 4.61 %
3. restaurant partyservice = 5 Treffer = 3.29 %
4. pohlmann herford = 4 Treffer = 2.63 %
5. restaurant pohlmann = 4 Treffer = 2.63 %

Aus Gründen der Übersichtlichkeit will ich Ihnen an dieser Stelle weitere Details aus der Analyse ersparen. Wie Sie sehen können, sind die für das Restaurant wichtigen Begriffe sehr prominent vertreten: „Restaurant, Herford, Stadthotel, Partyservice, Hotel, Bielefeld“. Sie können diese Begriffe gerne mal in Kombination (zum Beispiel „Restaurant Herford“) in Google eingeben und werden sicher fast immer direkt auf die Website von Familie Pohlmann stoßen. Es ist besonders wichtig, bei der Analyse nicht nur die

Keywords in den Texten auf der Seite zu erfassen, sondern auch Seitentitel, Linktitel, Bildbeschreibungen etc. – das heißt alle Texte, die von Suchmaschinen interpretiert werden.

Die Spitzenwerte der Analyse liegen mit etwa fünf Prozent im „grünen Bereich", wobei sich diese Grünzone nur sehr unkonkret beschreiben lässt. Denn auch hier streiten die Gelehrten über den optimalen Wert. Mit 2 – 5 Prozent können Sie nichts falsch machen, andere sagen 2 – 3 Prozent, wieder andere meinen, zwischen 5 und 7 Prozent sei der ideale Wert für die Keyword-Dichte.

Lassen Sie uns keinen faulen Zahlenzauber machen, sondern einfach darauf achten, dass wichtige Schlüsselbegriffe (die haben wir ja vorher festgelegt!) häufig genug vorkommen, aber eben auch nicht eine Dichte von mehr als zehn oder gar 20 Prozent haben – hier beginnt dann auch Bruder Google, böse zu gucken. Die Folge: Seiten werden als nicht relevant eingestuft und können im schlimmsten Fall sogar aus dem Index fliegen.

Achtung – Einbahnstraße: Ein zweckmäßiges Mittel scheint zu sein, den Text möglichst kurz zu halten, um die Dichte bestimmter Begriffe zu erhöhen. Allerdings finden Webseiten mit sehr wenig Text auch wenig Beachtung – sowohl bei der Leserschaft als auch bei Suchmaschinen. Zwischen 200 und 300 Wörtern sollte ein Text mindestens haben und sich dabei aus verschiedenen Abschnitten zusammensetzen. Erst dann macht die Untersuchung der Keyword-Dichte Sinn.

Wer regelmäßig für Internetseiten schreibt (etwa in einem Weblog), der entwickelt mit der Zeit ein Gefühl für eine sinnvolle Keyword-Dichte – ab und zu kann es aber nicht schaden, wirklich mal nachzumessen, ob das Bauchgefühl nicht trügt. In diesem Sinne: Schreiben Sie fleißig und messen Sie, was das Zeug hält!

Runde 22 – Google liebt sinnvolle Seitenbezeichnungen

Bevor Sie weiterlesen, geben Sie doch in Ihrem Webbrowser einmal die Adresse unseres Agenturweblogs ein: http://www.Neukunden-Magnet.de.

Ich habe jetzt einen Besucher mehr (Oh Freude!) und Sie werfen bitte einen Blick auf die Titelzeile Ihres Browsers (links oben). Da sollte jetzt *Neukunden-Magnet | Marketing-Weblog Werbeagentur Thoxan Ostwestfalen* stehen. Wenn Sie genau zählen, entdecken Sie sieben Substantive (Schlüsselwörter), die vom Inhalt her genau auf das abzielen, worum es beim Neukunden-Magnet geht: Ein Weblog, das sich mit Marketing und Werbung beschäftigt und von meiner Agentur in Ostwestfalen betrieben wird.

Klingt einfach – und das ist es auch. Doch wieso hat die Immobilienfirma Meier, die in der Stadt XY Immobilien verkauft und sich auf Grundstücke in Hanglage spezialisiert hat, als Seitentitel einfach „Home" gewählt? Oder warum suche ich beim Zahnarzt meines Vertrauens vergeblich nach dem Namen im Seitentitel? Dort steht „Zahnarzt Startseite". Viel besser wäre doch „Zahnarzt Herbert Müller aus XY-Stadt, Spezialist für Implantate und Parodontologie".

Die Vergabe eines sinnvollen Seitentitels hat zwei Effekte: Die Besucher wissen, worum es sich auf der Seite handelt und die Suchmaschinen lesen diesen Titel für die Ergebnisanzeige aus. Je besser die Seitentitel zum Inhalt der Seite passen (Übereinstimmung der Schlüsselbegriffe), umso höher wird die Seite gewichtet. Ich habe keinen Schimmer, zu wie viel Prozent der Seitentitel in den Google-Algorithmus genau mit einfließt, aber ich habe festgestellt, dass sich über die Optimierung des Seitentitels bereits beachtliche Erfolge erzielen lassen.

Dazu ist einfach das „title"-Tag im HTML-Quellcode anzupassen (oder in den Einstellungen eines Content Management Systems – siehe Kapitel 32ff. – zu vergeben). Noch besser ist es, über spezielle Scripte für jede Seite unterschiedliche Seitentitel auszugeben (automatisch oder halb automatisch), sodass auch der Titel der Unterseite am Anfang angezeigt wird.

Bitte beachten Sie, dass der Titel eine bestimmte Länge nicht überschreiten darf. Die Internet-Gurus sind sich wieder einmal nicht recht einig – ich habe mit circa 150 Zeichen und bis zu zehn Wörtern immer gute Erfahrungen gemacht – den Rest schneidet der Browser ohnehin einfach ab.

Runde 23 – Internetadressen zum Sprechen bringen

Sprechende URLs sind ... **Alarm! Schon wieder ein Fachwort! Und dann noch eine Abkürzung!** Schauen wir schnell in die Wikipedia, um den Brand zu löschen (was Sie übrigens immer dann tun können, wenn Sie einen Begriff noch nicht kennen – Wikipedia hilft bei der ersten Orientierung ausgezeichnet!):

> Als Uniform Resource Locator (URL, engl. „einheitlicher Quellenanzeiger") bezeichnet man eine Unterart von Uniform Resource Identifiern (URIs). URLs identifizieren eine Ressource über das verwendete Netzwerkprotokoll (beispielsweise http oder ftp) und den Ort (engl. „location") der Ressource in Computernetzwerken. **In der Umgangssprache wird URL häufig als Synonym für Internetadresse verwendet** (*http://www.Wikipedia.de*).

Keine Sorge, ich habe auch nicht jedes Detail verstanden. Aber der „einheitliche Quellenanzeiger" meint die Internetadresse, also zum Beispiel *http://www.Igel-Faktor.de*. Und nun sollen diese Adressen auch noch anfangen zu sprechen? – Ich zeige Ihnen, worin der Unterschied zwischen einer stummen und einer sprechenden Adresse besteht:

http://s28787367367.wrzlbrft.eu (= stumme URL)
http://www.mein-firmenname.de (= sprechende URL)

Das Schöne an der zweiten Domain ist, dass Sie den Suchbegriff „Firmenname" bereits in der Adresse führt. Noch besser wäre es, Sie würden eine zentrale Leistung Ihres Unternehmens im Domainnamen unterbringen (zum Beispiel *www.Versicherungen-Muenchen.de*). Achten Sie aber auf Markenrechte und den Schutz bestimmter Bezeichnungen. Lassen Sie sich hier gegebenenfalls von einem Rechtsanwalt beraten, welche Begriffe wirklich zulässig sind.

Wie wir sehen, haben Keywords in der Domain ebenfalls eine hohe Relevanz für Google. Hätte ich unser Weblog einfach nur unter *http://blog.thoxan.com* statt unter *http://www.Neukunden-Magnet.de* eingerichtet, müsste ich auf diesen Effekt verzichten. Jetzt aber komme ich für den Suchbegriff „Neukunden" und interessanterweise auch für „Magnet" (☺) auf die vorderen Plätze.

Das gleiche Prinzip gilt aber nicht nur für die Domain, sondern lässt sich auch auf die gesamte Internetadresse übertragen. Beiträge in unserem Weblog werden wie folgt veröffentlicht: *http://www.neukunden-magnet.de/kaltakquise-ist-keine-horrorvorstellung*

Der Domain folgt der Titel des geschriebenen Beitrags („Kaltakquise ist keine Horrorvorstellung") und bringt dadurch gleich mehrfach das Suchwort „Kaltakquise" ins Spiel. Gerade über diese Kombination „Neukunden + Kaltakquise" erhalte ich optimale Suchergebnisse bei Google.

Bei vielen Websites sieht das ganz anders aus. Wenn ich dort eine Unterseite aufrufe, steht in der Adresszeile meines Browsers zum Beispiel eine URL wie:

http://www.wrzlbrft.de/www2/?cat=02&id=012&lg=de

Dies sind keine „sprechenden URLs": Weder die Domain noch die Seitenadresse selbst enthalten Schlüsselbegriffe. Die Fachleute diskutieren zurzeit wieder einmal heiß darüber, ob und inwieweit Google in der Lage ist, kryptische Zeichen sinnvoll zu erfassen und ob sprechende URLs überhaupt eine Relevanz für die Positionierung in Suchmaschinen haben. Sofern Ihre Unterseiten nicht im Google Suchindex auftauchen, scheinen sich die Suchroboter zu weigern, diese zu betreten. Das sollten Sie überprüfen (lassen). Denn ich kann die Texte auf den Unterseiten noch so gut für Suchmaschinen optimieren – wenn die Suchroboter die Seiten nicht durchforsten, war die ganze Mühe umsonst.

Was ich aber noch für viel schlimmer halte, ist die Verwirrung der menschlichen Besucher. Wieso sollte ich – gerade in Zeiten von „Pishing" (Datenklau) und anderen kriminellen Handlungen – auf eine Unterseite klicken, die nicht sehr vertrauensvoll klingt? Da die Seitenadresse auch in den Suchergebnissen von Google & Co. auftaucht, bewirkt eine sinnvolle, sprechende URL, dass dieser Eintrag sicherlich mehr Klicks erzielt. Vor allem, wenn dieser mit dem Titel und der Beschreibung harmoniert.

Erster Schritt ist also immer, die Auffindbarkeit und die sogenannte „Indexierung" (Aufnahme in den Suchindex der Suchmaschine) zu ermöglichen. Zweiter Schritt (und das lässt sich eben hervorragend kombinieren) ist es, aussagekräftige Suchbegriffe in der Internetadresse unterzubringen, um bei den Besuchern das Vertrauen in seriöse und erwünschte Inhalte zu stärken und den Suchmaschinen weitere passende Keywords anzubieten.

Runde 24 – Aussagekräftige Links verwenden

Ein Link ist eine Verbindung von einer Website zu einer Unterseite („interner Link") oder zu einem anderen Internetauftritt („externer Link"). Für Suchmaschinen sind sowohl interne als auch externe Links sehr wichtig. Google hat zu diesem Thema an vielen Stellen Informationen veröffentlicht, die Webmastern helfen sollen, ihre Websites sinnvoll zu optimieren. Um Ihnen die langwierige Suche auf den Seiten von Google zu ersparen, gebe ich Ihnen an dieser Stelle die wichtigsten Faktoren in vereinfachter Form weiter.

Eine gut aufbereitete interne Linkstruktur hilft nicht nur den Suchmaschinen, die Inhalte mit ihren Suchrobotern zu erschließen, sondern erleichtert auch den Lesern die Bedienung (Stichwort „Usability", dazu mehr in Runde 64). Wir könnten ja auch einfach ein Suchfeld anstelle einer Navigation verwenden. Doch welche Suchmaschine gibt schon Begriffe in ein Suchfeld ein? Und auch nicht jeder Besucher weiß auf Anhieb, wonach er genau sucht, wenn er unsere Seite betritt. Also schaffen wir im Text und im Navigationsmenü verschiedene Anreize, durch die sich Besucher durchklicken können.

Davon lebt ja schließlich auch der sogenannte „Hypertext": Er wird nicht systematisch von oben nach unten gelesen, sondern eher mit den Augen gescannt. Hier und da wird weitergeklickt, zurückgeblättert, etwas Neues gesucht. Wer aus seiner Website eine starre Textwüste macht, hat den fundamentalen Ansatz des Internets nicht verstanden.

Eine wichtige Regel bei der Suchmaschinen-Optimierung ist, Links mit aussagekräftigen Schlüsselbegriffen zu besetzen und nicht mit Füllwörtern. Allzu oft finde ich noch Konstruktionen wie: „Weitere Informationen zur Schädlingsbekämpfung finden Sie hier." Das Wort „hier" taugt als Keyword gerade mal gar nicht. Besser wäre eine Verlinkung wie folgt: „Hier finden

Sie weitere Informationen zur Schädlingsbekämpfung." Nun ist das eigentliche Suchwort als Link gekennzeichnet.

Suchmaschinen prüfen, ob sich hinter dem verlinkten Begriff nun auch tatsächlich Informationen dazu finden lassen. Der Link zur „Schädlingsbekämpfung" sollte also auf eine Seite zeigen, wo dieser Begriff auch tatsächlich prominent vorkommt (siehe „Keyword-Dichte"). Dann wird dieser Link für Google & Co. als besonders relevant eingestuft.

Ein weiteres Detail, das die Wertigkeit des Links erhöht, ist der Linktitel. Diese Angabe im HTML-Befehl bietet ebenfalls die Möglichkeit, Suchbegriffe einzugeben:

> *<a href="schaedlingsbekaempfung.html" title="Schädlingsbekämpfung">*
> *Schädlingsbekämpfung</a>*

Der Linktitel wirkt noch einmal verstärkend, auch im Hinblick auf die Keyword-Dichte, sollte aber passend zum verlinkten Begriff und zur Zielseite eingegeben werden.

Sie sollten allerdings nicht nur innerhalb Ihrer eigenen Website verlinken, sondern auch auf andere Websites verweisen, die einen thematischen Bezug haben. Einige Webmaster befürchten, dass Ihnen dadurch die begehrten Besucher weglaufen könnten und nie wiederkommen. Das Gegenteil ist der Fall: Studien belegen, dass vor allem die Seiten häufig erneut besucht werden, die eine gut aufbereitete Linkstruktur und Empfehlungen vorweisen. Wer externe Links setzt, zeigt damit, dass er Recherche betrieben hat und Fachwissen auf einem bestimmten Gebiet besitzt.

Auch von Google wird die externe Verlinkung positiv bewertet, solange ein klarer Bezug erkennbar ist (thematisch, regional) und es nicht allzu viele ausgehende Links gibt. Mehr als 100 Verweise auf andere Seiten sollten es nicht sein – also genügend Spielraum für jeden Webmaster, der nicht gerade ein Branchenverzeichnis einrichten möchte. Achten Sie auch bei externen Links auf eine sinnvolle Bezeichnung (also nicht „hier" oder „mehr", sondern einen aussagekräftigen Suchbegriff) sowie einen passenden Linktext.

Runde 25 – Bilder aussagekräftig betiteln

Bilder sagen mehr als tausend Worte – doch leider sprechen Bilder überhaupt nicht mit Suchmaschinen. Wer seine Website im Sinne der Suchmaschinen-Optimierung bearbeitet, sollte Fotos und Grafiken bewusst und in Maßen einsetzen. Als sinnvolle Länge für einen Suchmaschinen-freundlichen Text haben sich 200–300 Wörter herausgestellt (das ist etwa eine gute halbe DIN A4-Seite). Natürlich spricht nichts dagegen, wenn Sie auf Ihrer Website noch mehr zu „sagen" haben (Usability beachten!), nur eben nicht deutlich weniger. Wer auf jeder Seite immer nur drei schicke Bilder und einen Zweizeiler veröffentlicht, hat schlechtere Chancen auf eine gute Positionierung.

Aber verstehen Sie mich auch nicht falsch: Wir wollen auf Bilder auf einer Website absolut nicht verzichten! Reine Textwüsten sind nicht lesefreundlich und das menschliche Auge benötigt Orientierungspunkte (sogenannte „Eye-Catcher", dt. „Hingucker"), um die Inhalte leichter zu erfassen. Bildern kommt eine ebenso hohe Bedeutung zu wie Absätzen, Zwischenüberschriften oder anderen Formen visueller Gliederung. Vom grundsätzlichen Layout der Website einmal ganz abgesehen.

Wenn Sie Bilder auf einer Seite einsetzen, dann achten Sie auf den Titel des Bildes. Bezeichnungen wie „image001.jpg" oder „icon03.gif" sind beim Einsatz vieler Abbildungen nicht nur unübersichtlich, sondern auch schlecht für Suchmaschinen. Nutzen Sie stattdessen aussagekräftige Schlüsselbegriffe. Bei einem Rechtsanwalt könnten die Fotos beispielsweise „strafrecht.jpg“ oder „anwalt_muenchen.jpg“ heißen.

Neben der richtigen Benennung des Dateinamens sollten Sie jeder Grafik auch einen aussagekräftigen Bildtitel im sogenannten „Alt-Tag“ zuweisen.

<img src=“/bilder/strafrecht.jpg“ alt=“Strafrecht München“ />

Der Alt-Tag erscheint in einigen Internetbrowsern, wenn Sie mit der Maus über das Bild fahren. Den Effekt kennen Sie sicher. Er hilft, den Inhalt des Bildes zu verstehen. Aber noch wichtiger ist diese Bezeichnung für Suchmaschinen, die dadurch weitere Schlüsselbegriffe sammeln.

Runde 26 – Beispiel einer textlich optimierten Webseite

Jetzt haben Sie eine ganze Reihe von Methoden und Möglichkeiten zur Onpage-Optimierung kennengelernt. Ich habe dabei bewusst auf allzu technische Erläuterungen verzichtet. Nun möchte ich für Sie noch einmal alle Punkte in Form eines Beispielaufbaus zusammenfassen. Dazu verwende ich eine Unterseite vom Partyservice Pohlmann aus Herford, dessen Website wir textlich für Suchmaschinen optimiert haben:

http://www.partyservice-pohlmann.de/catering

Die URL spricht! Die Domain enthält bereits zwei zentrale Schlüsselbegriffe („Partyservice“ und den Namen des Inhabers) und die Unterseite wird ganz richtig als „Catering“ ausgezeichnet (ob die Adresse ein .html, ein .php oder keine Dateiendung enthält, hängt vom verwendeten System ab, ist aber für die Optimierung nicht relevant).

Auch der Titel der Seite, den Sie im Browser oben links ablesen können, ist textlich auf die veröffentlichten Inhalte hin optimiert:

Catering » Partyservice Pohlmann Herford | Lieferservice Catering Buffet Bielefeld Ostwestfalen OWL

Sie sehen hier zehn Schlüsselbegriffe, die optimal zum Inhalt, den Angeboten und dem Liefergebiet des Partyservice passen. Ebenso prominent kommen die Begriffe auch im Seitentext vor:

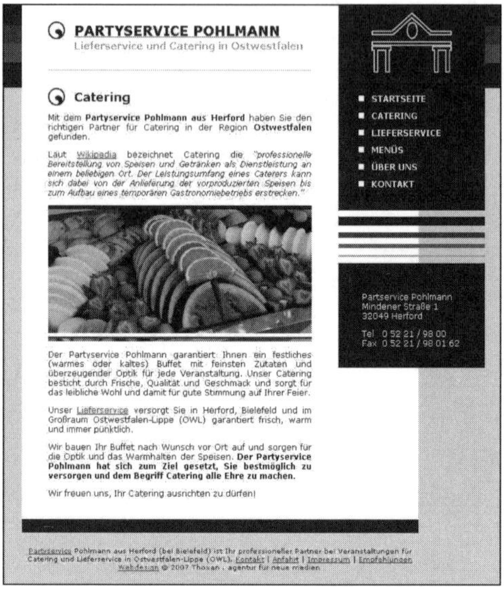

Abbildung 7:
Verwendung passender Schlüsselbegriffe auf der Website vom Partyservice Pohlmann

Messen wir die Dichte der Suchbegriffe, erhalten wir folgende Ergebnisse:

1. catering = 15 Treffer = 5.15%
2. pohlmann = 13 Treffer = 4.47%
3. partyservice = 13 Treffer = 4.47%
4. ostwestfalen = 8 Treffer = 2.75%
5. lieferservice = 8 Treffer = 2.75%
6. herford = 8 Treffer = 2.75%
7. owl = 7 Treffer = 2.41%
8. bielefeld = 5 Treffer = 1.72%

Ähnlich gute Werte erzielen die Kombinationen der Schlüsselbegriffe. Achten Sie auch einmal auf die Verteilung der wichtigen Suchworte. Diese kommen nicht ausschließlich im Fließtext vor, sondern neben dem Titel und der Internetadresse auch in der Überschrift, als Link, als Bildbeschreibung usw. Wer auf die genannten Faktoren achtet und die Texte seiner Website in dieser Weise bearbeitet, wird schon nach kurzer Zeit bessere Positionen bei Google und anderen Suchmaschinen erreichen. Wenn Sie nach „Catering Herford", „Partyservice Ostwestfalen" oder „Lieferservice OWL" suchen, dann kommen Sie um den Partyservice von Familie Pohlmann nicht herum – und genau darum geht es schließlich!

Runde 27 – Eine Hand wäscht die andere

Viele Einsteiger im Bereich der Suchmaschinen-Optimierung sind überzeugt, dass sie Google & Co. mit der richtigen Strategie „überlisten" müssten, um gute Positionen zu erreichen. Dabei ist – wie ich im einleitenden Kapitel bereits geschildert habe – das wichtigste Anliegen von Suchmaschinen, für jede Anfrage die besten und aktuellsten Suchergebnisse zu liefern. Im Grunde geht es also nur darum, die Kriterien zu berücksichtigen, die Suchmaschinen als wichtig ansehen, um eine Seite möglichst weit vorne aufzuführen.

Insbesondere Google bietet hier erweiterte Services an, die unter dem Google Webmaster-Programm zu finden sind (http://www.google.de/webmasters). Diese Werkzeuge dienen dazu, die Inhalte der eigenen Website möglichst gut von der Suchmaschine erschließen zu lassen.

Zentraler Bestandteil der Services ist „Google Sitemaps", das Ihnen ermöglicht, eine spezielle Seitenübersicht an Google zu melden, in der alle Unterseiten Ihres Online-Auftritts verzeichnet sind. Dadurch ist gewährleistet, dass die Suchroboter auch wirklich in die Tiefe gehen und sogar Seiten indexieren, die nicht so häufig oder gar nicht von außen verlinkt sind.

Die Erstellung einer Google Sitemap-Datei (im sogenannten „XML-Format", ein systemübergreifendes Textformat) ist bei verschiedenen Content Management Systemen (TYPO3, WordPress oder Ähnliches, siehe Kapitel 32ff.) mit speziellen Erweiterungen automatisiert möglich. Eine Beratung hierzu geben professionelle Internetagenturen.

Es lassen sich aber auch statische Websites mit einem Online-Tool (zum Beispiel *http://www.xml-sitemaps.com*) erfassen, die dann eine solche XML-Datei produzieren. Als Webmaster muss ich diese Datei nur noch auf meinem Webspace (der Ort, an dem Ihre Online-Dokumente verfügbar sind) abspeichern und bei Google Sitemaps melden.

Der Vorteil der automatisierten Methoden, die bei Content Management Systemen integriert werden können, ist die sofortige Übermittlung von Änderungen an den Inhalten der Website an Google. Das bedeutet, dass die Suchmaschine informiert wird, wenn ich Texte oder andere Teile meiner Internetseite aktualisiert habe. Je nach Wichtigkeit meiner Seite schickt Google dann seine Suchroboter los, um die Änderungen zu erfassen und dadurch die Ergebnisse möglichst aktuell zu halten.

Neben der Sitmaps-Funktion bieten die *Google Webmaster Tools* noch eine Reihe anderer Möglichkeiten für Webmaster, auf die ich kurz eingehen möchte. Voraussetzung ist, sich – auf zwei verschiedenen Wegen – als Eigentümer einer Website beim Google Webmaster-Programm zu registrieren. Indem Sie einen kurzen Programmiercode in die eigene Website integrieren, kann Google sicher sein, dass keine fremden Seiten analysiert werden. Die dann zur Verfügung stehenden Werkzeuge decken zum einen verschiedene Analysen ab (Wie sieht Google meine Website? Sind die Metatags richtig eingestellt, sodass Google die Seiten überhaupt besuchen darf?), zum anderen zeigen sie mögliche Schwachstellen auf (Unterseiten, die nicht gefunden werden können oder Ähnliches).

Ich empfehle jedem fortgeschrittenen Webdesigner, sich die kostenfreien Funktionen der Google Webmaster Tools näher anzuschauen und herauszufinden, welche Werkzeuge im speziellen Fall für die Optimierung hilfreich sind.

Runde 28 – Vorsicht bei Flash-Intros und Animationen!

Die einen lieben sie, die anderen hassen sie: Flash ist eine Software aus dem Haus Adobe und ermöglicht, spezielle Animationen (sogenannte „SWF-Dateien") zu erstellen und auf einer Website einzubinden. In Flash lassen sich Intros, Menüs, Buttons und bewegliche Banner erstellen, aber auch Filme und komplexe Internetseiten. Durch eine spezielle Programmiersprache („ActionScript") sind – wie bei jeder Internetseite – auch interaktive Funktionen möglich. So beispielsweise das Auswählen eines Links oder das Abspielen einer bestimmten Sequenz, wenn ich mit der Maus über eine Grafik fahre.

Die Effekte von Flash sind wirklich genial und die Möglichkeiten und Einsatzbereiche schier unendlich. In vielen Fällen machen Flash-Filme oder Animationen Sinn – und sicherlich lassen sich auch komplette Websites in Flash erstellen. Liegt Ihnen aber etwas am Aspekt der Suchmaschinen-Optimierung, sollten Sie darauf verzichten.

Größter Nachteil von Flash ist, dass Suchmaschinen die Inhalte einer SWF-Datei nicht richtig erfassen können. Es gibt zwar seit einiger Zeit Feldversuche, bei denen Google einige Texte auch aus Flash-Filmen indexieren können soll, aber wie massentauglich das ist und ob wirklich alle Aspekte einer für Suchmaschinen optimierten Seite berücksichtigt werden, ist mehr als fraglich. Auf jeden Fall lassen sich die – zuvor genannten – Verfahren nicht in der Form ausreizen, wie es mit einer textbasierten Internetseite möglich ist.

Wie wir gelernt haben, lesen Suchmaschinen ausschließlich Text und gewichten Suchbegriffe aufgrund ihrer Häufigkeit und ihres Vorkommens auf der Seite. Darüber hinaus stellt eine gute interne und externe Verlinkung die nötigen Voraussetzungen, um den Suchrobotern die Durchdringung in die Tiefe zu ermöglichen.

Es gibt natürlich nichts dagegen einzuwenden, eine Flash-Animation oder einen Film auf einer Internetseite einzubinden – im Gegenteil! Diese Elemente werten die Seite für Ihre Besucher auf, so wie Bilder oder Grafiken ebenfalls zu einer professionellen Website gehören. Andernfalls hätten wir es ja nur mit Textwüsten zu tun. Doch so unsinnige Dinge wie eine Introseite mit einer langatmigen Animation (Ich klicke jedenfalls immer sofort auf „Skip") oder ständiges Blinken und Blitzen von allen Seiten schreckt Besucher eher ab als sie für die Angebote zu interessieren. Gleiches gilt für nervtötendes Gedudel von Midi-Klängen, die selbst zur Weihnachtszeit den Klick aufs rote „X" am oberen Rand des Browserfensters zur Folge haben. Geben Sie Ihren Besuchern lieber die Möglichkeit, sich für das Abspielen einer Animation bewusst zu entscheiden, und integrieren Sie einen gut sichtbaren Play- und Stop-Button.

Runde 29 – Linktausch ist anstrengend und bringt nicht viel

Wie wir bereits gelernt haben, bildet die Verlinkung von Websites einen wichtigen Bezugspunkt für deren Wichtigkeit. Google misst anhand der eingehenden Links (sogenannten „Backlinks"), wie gefragt Ihre Internetseite ist. Das Prinzip ist denkbar einfach: Wenn nur eine geringe Zahl anderer Websites auf Ihren Online-Auftritt verweisen, scheint dieser nicht sonderlich beliebt zu sein. Wenn mehrere tausend andere Webmaster Ihre Homepage empfehlen, erhöht sich die Relevanz auch für Google. Sie werden automatisch weiter oben gelistet und erhalten für bestimmte Schlüsselbegriffe eine bessere Position als weniger wichtige Seiten.

Nun sind viele Webmaster auf den Trichter gekommen, dass sie sich mit anderen absprechen und bewusst untereinander vernetzen könnten. Linkpartnerschaften und Linktausch waren das Gebot der Stunde, mit dem viele neue Backlinks gesammelt wurden. Dadurch sollte sich die Wichtigkeit für Google erhöhen. Ich setze einen Link zu dir und du setzt einen Link zu mir – schon geht die Reise los.

Doch mal ehrlich: Wie erfolgreich kann ein solcher Ansatz sein? Was bringen schon fünf, zehn oder zwanzig eingehende Links von Partnerfirmen? Sie schaden natürlich nicht, aber wie wollen Sie so wirklich viele Backlinks erzeugen, um über diesen Weg sinvolle Ergebnisse zu erzielen?

Professionelle Linkfarmen kamen ins Spiel. Hier wurden Links gezüchtet, wie manche Landwirte Getreide oder Mais anbauen. Riesige Sammlungen von Verweisen zu beliebig vielen anderen Seiten. In der Tat war diese Vorgehensweise anfänglich von Erfolg gekrönt. Doch erinnern Sie sich, welches Ziel Suchmaschinen-Betreiber haben: Sie möchten die besten Ergebnisse für eine Suchanfrage liefern und keine mit Tricks hochgepushten Websites. Schnell haben Google & Co. Mechanismen entwickelt, um massiven Linktausch einzudämmen.

Ein Prinzip dafür ist beispielsweise, eine direkte gegenseitige Verlinkung weniger stark zu bewerten. Wenn sich zwei thematisch fremde Websites gegenseitig verlinken, ohne dass Google einen Bezug herstellen kann, dann besteht Verdacht auf Linktausch. Wer das hundertfach oder gar tausendfach macht („Linkfarm"), wird von Google abgestraft, und auch die verlinkten Teilnehmer werden herabgestuft. Fragen Sie mich nicht, wie diese Prinzipien genau funktionieren, aber es ist erwiesen, dass eine Verlinkung über zwei Ecken deutlich besser ist: A setzt einen Link auf B, B setzt einen Link auf C, C setzt einen Link auf D und D setzt einen Link auf A.

Klingt kompliziert? Ist es in meinen Augen auch. Deshalb nehme ich von solchen Linktausch-Angeboten in der Regel Abstand. Es sei denn, die beiden Seiten passen thematisch sehr gut zueinander und ich erhalte einen Link von einer Website, die einen hohen Pagerank aufweist. Ansonsten kostet diese Vorgehensweise einfach viel zu viel Zeit.

Als Alternative möchte ich Ihnen daher ein anderes Prinzip vorstellen, das zwar ebenfalls aufwendig ist, aber eine wirklich saubere Strategie zur Steigerung von Backlinks darstellt: Schaffen Sie qualitativ hochwertige Inhalte oder Dienste, die von anderen Webmastern automatisch verlinkt werden. Einige Ideen dazu gibt's im folgenden Kapitel ...

Runde 30 – Der Köder muss dem Fisch schmecken

Der Hase kommt mehr und mehr aus der Puste. Für den Igel ist es die Gelegenheit, ganz gemächlich nun doch mal einige Runden mitzulaufen. Er hätte es nicht nötig, aber ein bisschen Bewegung kann auch nicht schaden – dadurch wird er zusätzlich fit und kann sich stets in blendender Verfassung präsentieren.

Zusätzliche Angebote werten Ihre Online-Aktivitäten auf. Sie sind auf den ersten Blick nicht unbedingt nötig, zeigen Ihren Kunden aber, dass Sie sich mit dem Standard nicht zufriedengeben. So vermitteln Sie einen weiteren Eindruck von der Qualität Ihres Unternehmens, auch wenn Sie ausnahmsweise einmal keine finanzielle Entlohnung dafür bekommen.

Doch es gibt noch einen anderen wichtigen Grund, weshalb Sie Ihre Online-Aktivität um zusätzliche Angebote bereichern sollten: Beim sogenannten „Linkbait" geht es darum, gefragte Inhalte oder Dienste zu schaffen, die von anderen Webmastern automatisch verlinkt werden. Der Schlüssel zum Erfolg sind stets qualitativ hochwertige Inhalte auf Ihrer Website (etwa ein Fachlexikon oder eine kostenlose Software).

Das Internet lebt und stirbt mit der Vernetzung. Das Grundprinzip der „Hypertext Markup Language“ (HTML) besteht in der Verknüpfung von zwei Seiten, durch die weiterführende Informationen zur Verfügung stehen. Das Ziel eines guten Website-Betreibers ist es, die Besucher umfassend zu informieren und sich als Experte für ein bestimmtes Thema oder ein Angebot zu präsentieren. Wo immer ich gute Informationen finde, die ich nicht selbst veröffentlicht habe, aber gerne weiterempfehlen möchte, setze ich einen Link. Ich stelle einen Bezug her. Ich sage meinen Freunden: „Frag mal den Dieter, der kennt sich da aus!“ Wer nach relevanten Informationen über XY sucht, dem kann ich durch die Verlinkung weiterhelfen und damit auch mein Ansehen steigern.

Bieten Sie anderen Webmastern auf Ihrer Website Anreize, Ihre Seite zu verlinken. Auch die Offpage-Optimierung lässt sich nicht von der Konzeption und den Inhalten einer Website trennen. Liefern Sie Informationen, die nur Sie anbieten können. Richten Sie einen Dienst ein, mit dem andere Menschen weiterkommen. Stellen Sie lustige, unterhaltsame oder kurzweilige Angebote auf Ihre Website. Machen Sie einen Wettbewerb, bei dem andere etwas gewinnen können. Diese „Köder“ (engl. „bait“) für Links setzen häufig eine Welle von Verlinkungen in Gang, die Sie durch Linktausch oder Linkpartnerschaften niemals in diesem Umfang erreicht hätten.

Die Liste besonders kurioser Linkbait-Aktionen ist wahrlich lang. Um Ihnen einen Eindruck von dem Einfallsreichtum und dem Erfolg dieser Methode zu geben, seien an dieser Stelle einige exklusive, zum Teil prominente Beispiele genannt:

1.000.000 Pixel-Homepage: Die Million Dollar Homepage (http://www.milliondollarhomepage.com) ist sicherlich ein zugleich besonders eindrucksvolles und erfolgreiches Beispiel für Linkbait. Im Jahre 2005 hatte der Student Alex Tew die Idee, den Platz auf einer zunächst leeren Internetseite für jeweils einen Dollar pro Pixel (Bildpunkt) zu verkaufen, um dort Banner von Firmen und anderen Interessenten zu verlinken. Die Idee erhielt eine derart unglaubliche Resonanz, dass der junge Mann damit tatsächlich seine Million Dollar verdient hat. Neben diesem finanziellen Ertrag hat die Website insgesamt rund 40.000 Backlinks erhalten – was für ein Erfolg!

Freeware. Da Internetnutzer häufig nach möglichst kostenfreier Software suchen, besteht eine zumeist recht erfolgreiche Aktion darin, für einen spezifischen Anwendungsfall ein solches Programm zu entwickeln oder entwickeln zu lassen, um es zum kostenlosen Download anzubieten. So verteilt sich nicht nur die Software wie ein Lauffeuer, sondern auch der Name Ihres Unternehmens spricht sich herum.

Woot-Konzept. Eine interessante Idee liegt in dem sogenannten Woot-Konzept (http://www.woot.com). Dahinter steckt eine amerikanische Internet-Verkaufsplattform, die jeden Tag ein anderes Produkt anbietet, und binnen 24 Stunden verkauft – die Auktion endet immer um Mitternacht. Neben einem Eintrag in Wikipedia hat dieses Konzept so viel Anklang gefunden, dass auch hier wieder reichlich Backlinks (circa 400.000!) generiert werden konnten.

Wie bereits gesagt, hätten es eine Reihe weiterer Ideen verdient, an dieser Stelle ausführlich vorgestellt zu werden. Denken Sie nur an die zahlreichen Online-Tools, die von Software-Firmen zur Verfügung gestellt werden. Das Moorhuhn-Spiel, das lange Zeit im Internet kursierte, war ja auch als Werbemaßnahme für eine Spirituosen-Marke konzipiert. Ich kenne da beispielsweise einen Verlag, der verschenkt MiniBooks, sammelt dadurch Adressen für den E-Mail-Newsletter und erhält gleichzeitig Backlinks. Auch ein „Spreadshop", in dem Sie individuell bedruckte T-Shirts für Ihre Community anbieten können, ließe sich hier noch detailliert besprechen.

Aber es geht mir ja nicht darum, Ihnen Beispiele zu geben, die Sie einfach nur nachmachen. Es gibt beispielsweise zahlreiche Neuauflagen der 1.000.000 Pixel-Homepage. Doch diese verkaufen nur einen Bruchteil von Pixeln. Die Idee ist einfach nicht mehr originell. Sie müssen sich etwas Neues einfallen lassen, um die Aufmerksamkeit zu gewinnen. Vielleicht haben Sie diese Beispiele ja schon dazu verleitet, über eigene kreative Aktionen nachzudenken. Nicht alles funktioniert, doch manches dafür umso nachhaltiger.

Achten Sie darauf, dass Ihre Idee einzigartig, mindestens aber gewitzt oder gut inszeniert ist. Schließlich müssen die anderen Webmaster von Ihrem Angebot so begeistert sein, dass sie ganz automatisch darauf hinweisen wollen.

Runde 31 – Google AdWords: Kleinanzeigen mit System

Eigentlich, ja eigentlich gehört „Google AdWords" nicht in ein Kapitel zur Suchmaschinen-Optimierung. Auch wenn Google diesen Dienst anbietet, hat die Vermarktung von Anzeigen mit der Positionierung in Suchmaschinen rein gar nichts zu tun. Deshalb wird dieser Bereich auch als „Suchmaschinen-Marketing" (SEM, engl. „Search Engine Marketing") bezeichnet.

Wenn Sie bei Google nach einem bestimmten Begriff suchen, finden Sie links die Ergebnisse in einer Liste und am rechten Rand oder oberhalb der Ergebnisliste verschiedene Anzeigen. Diese sind ebenfalls als Textlinks zu weiterführenden Angeboten aufgebaut, müssen aber über das Programm von „Google AdWords" eingekauft und bezahlt werden.

Abbildung 8: Auf diesem Screenshot sehen Sie links unten die Suchergebnisse zum Schlüsselbegriff „Webdesign Ostwestfalen". Darüber und rechts stehen die als „Anzeigen" gekennzeichneten AdWords-Textanzeigen. Da wir als Agentur für diesen Suchbegriff bereits bestens gelistet werden, brauchen wir in diesem Bereich kein unnötiges Geld in die Schaltung von Anzeigen zu investieren.

Abgerechnet wird bei Google AdWords über Klicks. Wer auf eine Anzeige klickt, verursacht dadurch beim verlinkten Unternehmen Kosten. Diese liegen je nach Suchbegriff zwischen wenigen Cent und mehreren Euro, abhängig von der Position der Anzeige und der Anzahl von Mitbewerbern. Wer über Google AdWords Anzeigen einrichtet, der legt fest, bei welchen Schlüsselbegriffen diese veröffentlich werden, und kann sehen, was die Anzeigen bei einem Klick in etwa kosten werden.

Ich halte Google AdWords für ein hervorragendes Mittel, um seine Angebote auch für die Suchbegriffe zu platzieren, bei denen die eigene Website in den Suchergebnissen noch nicht auftaucht. Ein maximales Tages- oder Monatsbudget sorgt dafür, dass ich nicht mehr Geld ausgeben kann, als ich zuvor festgelegt habe. Ist das Budget verbraucht, werden die Anzeigen von Google einfach nicht mehr geschaltet.

Ein weiterer Faktor, der für Google AdWords spricht und der dafür sorgt, dass dieses Thema doch im Kapitel über Suchmaschinen-Optimierung landet, ist die gute Auswertung der Keywords. Zur Platzierung der Anzeigen bietet Google AdWords eine Reihe von nützlichen Werkzeugen. Diese schlagen verwandte Schlüsselbegriffe vor, zeigen die Suchhäufigkeit eines Begriffs im letzten Monat („Sucht überhaupt jemand nach Keyword XY?“) und vermitteln einen Eindruck, wie viele Wettbewerber sich ebenfalls um dieses Suchwort prügeln.

Wer einige Monate mit Google AdWords experimentiert, erhält einen guten Einblick in die Begriffe, für die er seine Website optimieren sollte. Manchmal kann es von Vorteil sein, sich auf wenig populäre Schlüsselwörter zu konzentrieren und damit eine bestimmte Nische zu besetzen. Für andere macht es Sinn, ihre Anstrengungen in einem heiß umkämpften Markt zu erhöhen. Wenn Sie am Ende die Texte Ihrer Website noch stärker optimieren können, hat sich die Investition in Anzeigen mehr als gelohnt. Und ganz nebenbei haben Sie zusätzliche Besucher auf Ihrer Website begrüßen können, die nach Ihren Angeboten tatsächlich gesucht und auf Ihre Anzeige geklickt haben.

Bei aller Euphorie für Google AdWords sollten Sie aber entsprechende Vorsicht walten lassen: AdWords ist sehr populär. Viele probieren es aus, verbrennen ein paar hundert oder tausend Euro und lassen es dann wieder. Zu gering ist in ihren Augen der „Return on Invest“ (ROI). Wer in AdWords einsteigt, muss Zeit und Geld investieren können, sonst scheitert er. Ich empfehle Ihnen daher eine Beratung durch eine Agentur, die sich auf Suchmaschinen-Marketing spezialisiert hat. In jedem Fall darf ich auf weiterführende Literatur (im Anhang) oder die Hilfethemen von Google Ad-

Words selbst verweisen (*http://adwords.google.de/support/?hl=de*), mit der Sie sich vor der Anzeigenschaltung gründlich befassen sollten. Aus diesem Grunde steige ich an dieser Stelle nicht tiefer ins Thema ein, sondern mache auf das Suchmaschinen-Kapitel jetzt den Deckel drauf.

Checkliste „Suchmaschinen-Optimierung"

	Fragen	Ja	Nein	Notizen
1.	Wissen Sie, welche Schlüsselbegriffe in den Suchmaschinen für Sie wirklich relevant sind?			
2.	Führen genügend Backlinks zu Ihrer Website, um für Google „sexy" zu sein?			
3.	Haben Sie die guten Metatags unter die Lupe genommen und von den schlechten separiert?			
4.	Sind Sie zu den Suchmaschinen auch wirklich gastfreundlich?			
5.	Setzen Sie die Keywords auf Ihrer Website in einem vernünftigen Maß ein, also nicht zu viel und nicht zu wenig?			
6.	Spricht Ihre Seite optimal mit Ihren Besuchern und den Suchmaschinen (Seitentitel, Sprechende URLs, aussagekräftige Links)?			
7.	Nutzen Sie die zur Verfügung stehenden Tools (Seitwert, Google Webmaster Tools), um sich einen guten Überblick über Ihre bisherigen Bemühungen zu verschaffen?			
8.	Werfen Sie bereits gute Köder im Sinne des Linkbait aus, um für andere Websitebetreiber interessant zu sein?			
9.	Falls Sie Animationen verwenden: Setzen Sie Flash so ein, dass insbesondere Suchmaschinen nicht „geflasht" (erschlagen) werden?			
10.	Nutzen Sie auch Suchmaschinen-Marketing wie Google AdWords in einem sinnvollen Maß, um Ihre Besucherzahlen zu steigern?			

6. Extrarunde (Runde 32 bis 36) – Content Management Systeme

Helfer für die Neukunden-Akquise im Internet

Der Hase war ganz außer sich vor Ärger und schrie: „Noch einmal gelaufen, noch einmal herum!" „Meinetwegen", gab der Igel zurück. „Sooft du Lust hast."

Ei, wie ist das schön. Der Hase rennt und rennt und rennt. Der Igel und seine Igelfrau brauchen einfach nur am Ende des Feldes zu warten und zu rufen: „Ich bin schon da!" Alles läuft wie am Schnürchen. Fast automatisch fährt der Laubfreund den Sieg nach Hause. Anstatt seine kostbare Puste für unnütze Bewegungen auf der Ackerfurche zu vergeuden, tut er nur so viel, wie nötig ist.

Es ist natürlich Ihnen selbst überlassen, womit Sie Ihre Webseiten gestalten. Auch mit Programmen wie Microsoft Word können Sie heute eine Homepage erstellen. Dazu wird ein Text einfach im Format HTML gespeichert und auf einen Internetserver geladen. Wirklich sinnvoll ist dieser Weg freilich nicht, schließlich bleiben die Möglichkeiten in Sachen Benutzerfreundlichkeit und Suchmaschinen-Optimierung stark eingeschränkt.

Wenn Sie mit Ihrer Website Kunden überzeugen möchten, stehen Sie vor der Herausforderung, dass Sie nicht nur einmal eine Website brauchen, sondern dass diese auch regelmäßig mit neuen Informationen (Produkten, Einladungen zu Veranstaltungen, Sonderangeboten etc.) am Leben gehalten werden muss.

Sie können natürlich mit speziellen Programmen wie Dreamweaver oder einem HTML-Editor arbeiten, doch ist hierbei die Bedienung recht komplex und erfordert ein tieferes Verständnis von HTML und anderen Dingen. Wenn auch nur alle zwei Monate etwas an der Seite zu ändern ist, sind die meisten meiner Kunden doch überfordert. Ganz zu schweigen vom Zeiteinsatz, der über diesen umständlichen Weg aufzubringen ist.

Doch es gibt Hilfen, die Ihnen das Rennen wirklich erleichtern: Verwenden Sie besser ein sogenanntes „Content Management System" (CMS), ins Deutsche vielleicht als „Inhalts-Verwaltungssystem" zu übersetzen. Mit dieser speziellen Software können Sie Internetseiten direkt online überarbeiten und mit neuen Inhalten erweitern. Die redaktionelle Bedienung dieser Systeme erfordert keinerlei Programmierkenntnisse. Sind sie erstmal richtig konfiguriert, können Sie eigenständig und zu jeder Zeit die Funktionen Ihres Webauftritts steuern. Die Pflege der Inhalte geschieht dabei fast automatisch. Lassen Sie sich von diesen Helfern die mühevolle Arbeit abnehmen, für jede Änderung in umständlichen Programmiercodes herumzubasteln.

Entscheidungshilfe – Brauche ich ein „Content Management System" oder nicht?

Eine statische Website (HTML) ist die richtige Lösung, wenn ...	**Ein Blog-System (zum Beispiel WordPress) ist für Sie optimal, wenn ...**	**Ein CMS (zum Beispiel TYPO3) macht für Sie Sinn, wenn ...**
... es nur wenige Unterseiten (bis maximal 10 Seiten) gibt.	... Sie regelmäßige Beiträge und mehrere Unterseiten komfortabel und schnell verwalten möchten.	... Sie mehr als 10 bis 15 Unterseiten, aktuelle News und Infos veröffentlichen möchten.
... Sie Ihre Website nur selten aktualisieren wollen.	... es überhaupt regelmäßige Aktualisierungen gibt.	... es häufige und umfassende Aktualisierungen gibt.
... die Website nur einsprachig sein soll.	... Zweisprachigkeit möglich sein soll.	... Mehrsprachigkeit ein Muss ist.
... Sie einen Fachmann mit HTML-Kenntnissen zur Hand haben.	... Sie redaktionelle Pflege sehr einfach halten wollen.	... Sie komplexe Redaktions- und Benutzerstrukturen benötigen.
... keine automatischen Zusatztools erforderlich sind.	... zusätzliche Erweiterungen in Form von Plugins erwünscht sind.	... sehr umfangreiche Erweiterungen („Extensions") notwendig sind.
... nur ein sehr geringes Budget vorhanden ist.	... nur ein geringes Budget für die Einrichtung vorhanden ist.	... ein größeres Budget für die Installation und Einrichtung einer umfangreichen Website vorhanden ist (TYPO3 an sich ist kostenlos).

Drei Aspekte ziehe ich bei der Entscheidung für oder gegen ein Content Management System in Betracht: Seitenanzahl, Aktualisierung und Erweiterbarkeit. Wenn Sie mehr als 10 bis 15 Unterseiten erstellen und regelmäßig pflegen müssen, macht der Einsatz einer solchen Software Sinn. Verfügen Sie über keinerlei Programmierkenntnisse oder wünschen sich weitere Zusatzoptionen (News, Shop-Funktion, Newsletter oder Ähnliches) lohnt es sich ebenfalls, den anfänglich höheren Aufwand für die Einrichtung eines Content Management Systems in Kauf zu nehmen. Sie bleiben langfristig flexibel und können die vielen Vorteile der Online-Software genießen.

Der Markt der Anbieter von Content Management Systemen ist schier unendlich. Als adäquate Hilfe zur Selbsthilfe stelle ich Ihnen in den folgenden Kapiteln zwei ausgewählte Lösungen vor, die beide kostenfrei erhältlich sind (unter der sogenannten „Open Source"-Lizenz – wie etwa auch das Betriebssystem Linux). Mit TYPO3 steht Ihnen ein äußerst umfangreiches CMS zur Verfügung, mit dem sich auch größere Anforderungen erfüllen lassen. Bei WordPress handelt es sich um eine Software, die vor allem bei Weblogs (siehe Runde 38) zum Einsatz kommt, aber ähnliche Funktionen aufweist. Wir haben bei unserer Arbeit in der Agentur mit beiden Systemen sehr gute Erfahrungen gemacht, insbesondere was die Optimierung der Internetseiten für Suchmaschinen angeht. Hier gehe ich in zwei Kapiteln noch einmal auf zusätzliche Funktionen ein, mit denen Sie Google & Co. beeindrucken.

Runde 32 – Online-Technik, die begeistert – oder: Wer die Wahl hat, hat die Qual

Content Management Systeme (CMS) sind seit einigen Jahren in aller Munde – insbesondere für mittlere bis große Webauftritte sind sie von unschätzbarem Wert. Die Systeme sind häufig in PHP programmiert. Diese Programmiersprache ist fast schon zu einem Synonym für dynamische Webseiten geworden. Fest integriert in einem CMS, liefert PHP beinahe alle nur erdenklichen Funktionen, um auf einfache Art und Weise etwa Texte im Web zu veröffentlichen, News in regelmäßigen Abständen zu aktualisieren oder Bildergalerien im Internet zu verwalten.

Der Fokus bei modernen Content Management Systemen liegt eindeutig auf der Benutzerfreundlichkeit. Dies bedeutet jedoch nicht, dass sich der Ottonormalverbraucher mit wenigen Klicks eine Website zusammenbasteln kann. Vielmehr soll Sie das einmal eingerichtete System in die Lage versetzen, Ihre Internetpräsenz später auch ohne Programmierkenntnisse bedienen und pflegen zu können.

Dazu steht Ihnen ein sogenanntes „Backend" zur Verfügung, in dem Sie hinter die Kulissen Ihrer Website schauen können. Nachdem Sie sich als Administrator eingeloggt haben, können Sie Texte eigenständig veröffentlichen, ändern oder bei Bedarf löschen. Hierzu bedarf es keiner HTML- oder gar PHP-Kenntnisse. Jeder, der in der Lage dazu ist, einen Text mit Microsoft Word zu schreiben, kann dies auch in einem CMS eigenständig tun.

Für die Positionierung Ihrer Website bei Google & Co. leisten Content Management Systeme heute wertvolle Dienste. Schließlich sind sie in erster Linie dafür geschaffen, Inhalte effizient zu verwalten. Genau das hilft Ihnen, bei der Erstellung der Texte für Ihren Internetauftritt wertvolle Zeit und auch Kosten für weitere Mitarbeiter zu sparen. Im Prinzip können Sie sogar selbst die Texte für Ihre Website schreiben. Je nach Branche und Ihren Zielen empfehle ich jedoch die Zusammenarbeit mit einer professionellen Agentur. Auf diese Weise können Inhalte deutlich schneller und komfortabler im Internet präsentiert und somit von den Suchmaschinen in den Index aufgenommen werden.

Aus Sicht der Suchmaschinen können dynamische Webseiten mit PHP Probleme bereiten, sofern sie nicht richtig konfiguriert sind. Mit einem Content Management System lässt sich das Problem der sprechenden Internetadres-

sen ganz einfach vermeiden. Hier gibt es entsprechende Funktionen, mit denen eine URL wie zum Beispiel
http://www.firmenname.de/www2/?cat=02&id=012&lg=de automatisch in
http://www.firmanname.de/sprechende-internetadresse.html umgewandelt werden kann.

Da wir schon bei den Links sind – aussagekräftige Links (Runde 24) und eine sinnvolle Link-Struktur helfen nicht nur den Benutzern Ihrer Website, sich besser zurechtzufinden. Content Management Systeme erleichtern Ihnen sowohl die interne als auch die externe Verlinkung. In aller Regel müssen Sie nicht mehr tun, als den zu verlinkenden Text zu markieren und auf ein bestimmtes Icon zu klicken. Schon erscheint eine Anzahl an Möglichkeiten, von denen Sie nur noch die für Sie richtige auswählen müssen (zum Beispiel ob Sie auf eine andere Website verlinken oder auf eine Seite innerhalb Ihrer Präsenz).

Sie sehen, welchen Nutzen Ihnen ein gut konfiguriertes CMS bieten kann. Bekannte Beispiele, mit denen eine geradezu intuitive Bedienung möglich ist, sind die Content Management Systeme TYPO3, Drupal oder Joomla sowie das Blogsystem WordPress. In den nächsten beiden Kapiteln möchte ich mich ausschließlich auf WordPress und TYPO3 beziehen. Zum einen, weil ich in meiner Agentur hauptsächlich mit diesen beiden arbeite. Zum anderen sind es die derzeit wohl meist genutzten, kostenfrei erhältlichen Redaktionssysteme im Internet.

Runde 33 – Kostenlos, aber nicht umsonst: TYPO3

Wenn Sie Ihren Internetauftritt mit TYPO3 betreiben wollen, erhalten Sie das derzeit wohl umfangreichste kostenfreie Content Management System auf dem Markt. Entwickelt wurde es vom Dänen Kasper Skårhøj, der es seit 1998 der Open Source-Gemeinde zur stetigen Weiterentwicklung zur Verfügung stellt. Ich habe mich entschieden, Ihnen TYPO3 vorzustellen, weil das

System mittlerweile eine gewisse Anwenderbreite hat. Sie finden beinahe in jeder Stadt einen Profi, der Ihnen helfen kann, TYPO3 zu installieren und nach Ihren Wünschen einzurichten. Beim Einsatz von TYPO3 haben Sie eine hohe Investitionssicherheit. Eine Vielzahl von Entwicklern weltweit hält das System aktuell und macht die Software durch (kostenfreie) Aktualisierungen sicher.

Bitte erwarten Sie an dieser Stelle keine Handbuchbeschreibung. TYPO3 ist so komplex, dass sich die Nutzungsmöglichkeiten in der Kürze nicht ausreichend darstellen lassen. Mir geht es einfach darum, Ihnen für die Verwendung dieses Systems „den Mund wässrig zu machen". Schließlich lebt TYPO3 ganz eindeutig von seinen Erweiterungen, den sogenannten „Extensions". Kaum eine Anwendungsmöglichkeit, die nicht bereits für das System realisiert wurde oder auf eine baldige Realisierung wartet. Hierzu gehören beispielsweise die Extensions RealURL, mit der sie „sprechende URLs" erzeugen, verschiedene Shop-Module, Newsletter, Gästebücher, Download-Verzeichnisse, Sitemap-Generatoren oder aber auch News, um Ihre Neuigkeiten dynamisch zu erzeugen und zu verwalten. Weiterhin existiert eine Reihe von Zusatzmodulen, die sich speziell der Optimierung Ihrer Website für Suchmaschinen widmet. Alle Erweiterungen finden Sie auf der TYPO3-Website unter http://typo3.org/extensions.

Mit seinen mehr als 3.000 Erweiterungen gilt TYPO3 als das „Flugzeug" unter den Content Management Systemen – professionell, vielseitig, und aus Sicht der Entwicklung äußerst komplex. Um die Vorteile eines solchen Systems optimal nutzen zu können, sollten Sie sich daher ausschließlich auf eine professionelle Internetagentur verlassen. Zu hoch liegen die Anforderungen an Installation und Einrichtung des Systems. Dafür gibt es kaum eine Anwendung, die sich in TYPO3 nicht realisieren ließe.

Der TYPO3 Administrationsbereich. Nachdem das TYPO3-System durch eine professionelle Internetagentur eingerichtet und auf Ihre Bedürfnisse abgestimmt wurde, stellt es für den reinen Anwender, etwa den Redakteur in Ihrer Firma, kaum eine Hürde dar. Der Administrationsbereich („Backend“) fällt bewusst aufgeräumt und damit benutzerfreundlich aus. Mit einfachen Klicks lassen sich die vielfältigsten Aufgaben erledigen, für die es ansonsten eines PHP-Programmierers bedurft hätte.

Ein kurzer Blick ins Backend verrät, wie leicht das Schreiben und Formatieren von Inhalten mit TYPO3 ist:

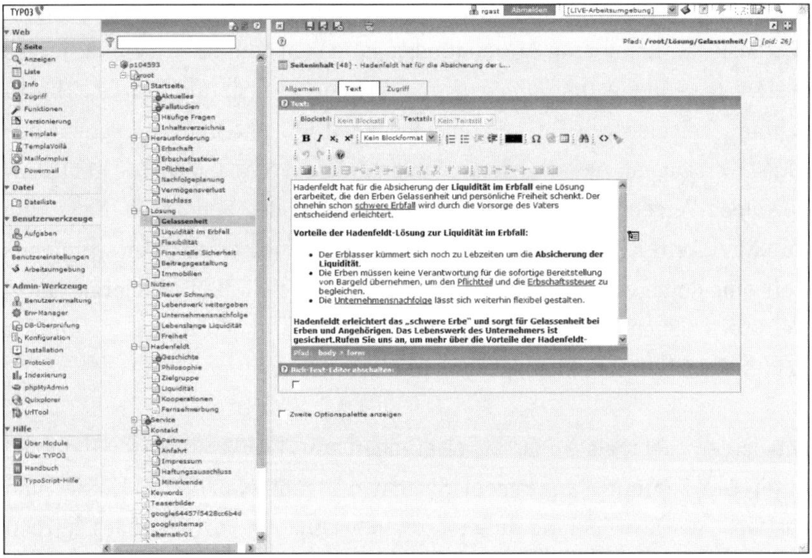

Abbildung 9: TYPO3-Backend: Navigation ganz links, Seitenbaum mit den Unterseiten in der Mitte und der Bereich zum Bearbeiten der Inhalte rechts mit Wysiwyg-Editor.

In der linken Spalte befindet sich ein Menü, über das Sie zwischen unterschiedlichen Ansichten im Backend wählen können; zum Beispiel der Wechsel zwischen verschiedenen Bearbeitungsmodi. In der mittleren Spalte sehen Sie die komplette Struktur Ihrer Website auf einem Blick, die Sie in der Regel aktiv gestalten können. Dieser Seitenbaum ist genau so sortiert wie Ihr Navigationsmenü auf der Website. Rechts finden Sie schließlich einen Texteditor, in dem Sie den Text, eine Überschrift oder Bilder eingeben und bearbeiten können. Das fertige Ergebnis lässt sich durch einen Mausklick auf eines der Icons oben links speichern.

Wenn Sie die Bearbeitung abgespeichert haben, können Sie sich die Änderungen live auf Ihrer Internetseite anschauen. Man spricht hier vom sogenannten „Frontend“:

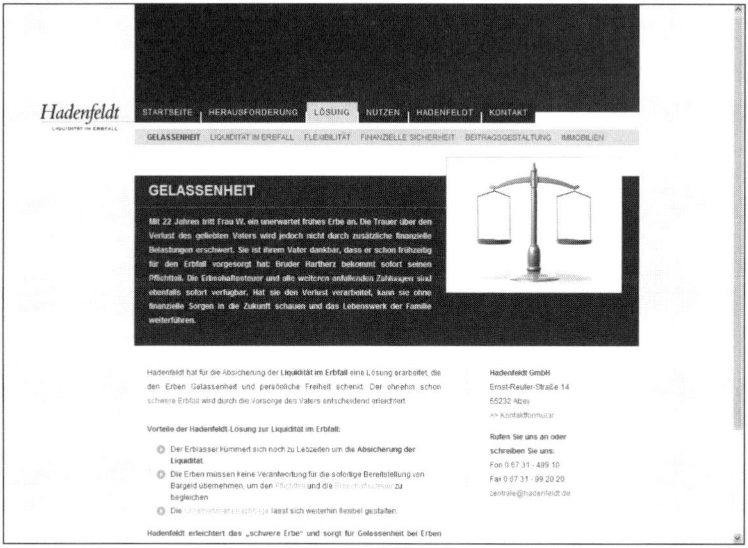

Abbildung 10: Frontend einer Unterseite der Hadenfeldt GmbH (http://www.hadenfeldt.de), die komplett mit TYPO3 realisiert wurde.

Bei der Gestaltung einer Seite sind mit TYPO3 übrigens keine Grenzen gesetzt. Welche Farben, Formen und Schriften Sie wählen, wie der Aufbau einer Unterseite angelegt ist, an welcher Stelle sich das Menü befindet oder wie viele Bilder und Texte auf der Seite verfügbar sind – das entscheiden allein Sie. Allerdings empfehle ich Ihnen, sich bei der Umsetzung eines Layouts in TYPO3 professionell beraten zu lassen, da die Anforderungen an die Einrichtung des Systems – ähnlich wie bei statischen Websites – mit hohem Programmieraufwand verbunden sind. Der Vorteil stellt sich dann aber umso mehr bei der redaktionellen Pflege der Website ein, die Sie ohne externe Hilfe selbst durchführen können. Hier bietet sich vielleicht an, zu Beginn der Tätigkeit eine Schulung für TYPO3-Redakteure zu besuchen, damit der Einstieg leichter gelingt.

TYPO3 zeichnet sich neben einer benutzerfreundlichen Oberfläche durch eine Vielzahl an Möglichkeiten aus, mit denen Sie Ihre Website in den Suchmaschinen besser platzieren. In der nächsten Runde werde ich Ihnen zeigen, mit welchen Maßnahmen es Ihnen gelingt, dieses Content Management System suchmaschinenfreundlich einzusetzen. Dabei präsentiere ich Ihnen einige Erweiterungen, mit denen wir im Agenturalltag besonders gute Ergebnisse erzielt haben.

Runde 34 – Suchmaschinen-Optimierung mit TYPO3

Wie Sie seit unserem Zwischenspurt (Runde 14 bis 31) bereits wissen, entscheidet nicht nur die Qualität Ihrer Texte über den Erfolg bei Google & Co. Neben einer ausgewogenen Mischung aus relevanten Keywords kann eine Optimierung von Programmiercode und Struktur einiges bewirken. Mit den richtigen Erweiterungen können Sie TYPO3 dazu verwenden, sprechende URLs zu erzeugen, die guten Metatags von den schlechten zu trennen und den Erfolg Ihrer Bemühungen durch eine Analyse Ihrer Website gezielt zu erfassen.

Sprechende URLs. TYPO3 stellt Ihnen zwei Möglichkeiten zur Verfügung, wie Sie aus kryptischen URLs in PHP ganz einfach lesbare Seiten erzeugen. Die erste Methode nennt sich *Simulate Static Documents (SSD)*: Der Vorteil dieses Verfahrens besteht darin, dass Sie keine Erweiterung benötigen und lesbare URLs ohne großen Aufwand realisiert werden können. Im Unterschied zu SSD bietet Ihnen die Extension *RealURL* deutlich umfangreichere Möglichkeiten. Beide Verfahren sind jedoch dazu geeignet, mit „sprechenden URLs" sowohl den menschlichen Benutzer als auch die Suchroboter von Google & Co. zu locken.

Weniger Schlamassel mit Metatags. Im Märchen von den Metatags (Runde 16) erzählte ich Ihnen, warum einige dieser possierlichen Gesellen weitgehend auf die Strafbank verbannt wurden. Manche von Ihnen spielen jedoch auch heute noch eine Rolle im virtuellen Spiel um die schönsten Plätze bei Google & Co. Hier gibt es ein ganzes Arsenal an Erweiterungen, das Ihnen die Arbeit mit den Metatags erleichtert.

Beispielsweise bietet Ihnen die Erweiterung *Metatags, extended* eine komfortable Möglichkeit, in einem Editor die gewünschten Angaben für die gesamte Website oder – was eindeutig zu empfehlen ist – für jede Unterseite einzutragen. Das lästige Tippen im HTML-Code Ihrer Website fällt somit weg. Setzen Sie einfach ein Häkchen vor die Metatags, die Sie anschließend im Quellcode Ihrer Website angezeigt haben möchten. Aus unseren Runden 16 und 17 wissen Sie genau, welche davon Sie benutzen und welche Sie besser vermeiden sollten.

Bessere Kommunikation mit Google. Mit der Extension *Google Sitemap* schließlich hat das Warten auf den Giganten unter den Suchmaschinen endlich ein Ende. Ist diese Erweiterung einmal aktiviert, wird bei jeder Veränderung Ihrer Seitenstruktur automatisch eine Nachricht an Google versendet. Mittlerweile ist mit *Google Sitemap for Pages and Contents* sogar eine Extension verfügbar, die dasselbe Spielchen auch bei reinen Textänderungen durchführt. Die Möglichkeiten, durch Erweiterungen von TYPO3 eine zusätzliche Suchmaschinen-Optimierung durchzuführen, gehen selbstverständlich noch viel weiter. Dynamische Seitentitel, erleichterte Funktionen zum Setzen von Überschriften unterschiedlicher Größenordnungen (sogenannte „H1", „H2", „H3" etc., die für Google eine Rolle spielen), eine bequeme Möglichkeit zum Einbau von Google Analytics (siehe Kapitel 62) – diese und andere Maßnahmen sind in TYPO3 mit wenig Aufwand zu realisieren. Wenn Sie sich eingehender mit diesem Content Management System und seinen Erweiterungen beschäftigen, werden Sie sicher noch auf weitere nützliche Helfer stoßen, die Ihnen die Arbeit ein wenig erleichtern. Mir war es an dieser Stelle einfach wichtig, Ihnen einen kompakten Überblick über die wichtigsten Methoden zu geben, mit denen Sie bereits eine Menge erreichen können.

Runde 35 – WordPress: Klein, aber oho!

Mit WordPress wählen Sie, ähnlich wie mit TYPO3, eine absolut kostenfreie Onlinesoftware, die sich zur redaktionellen Pflege von Internetseiten hervorragend eignet. Der Unterschied zwischen diesen beiden Systemen ist dennoch gravierend. WordPress wurde nicht entwickelt, um „normale" Websites zu erstellen und zu verwalten, sondern ist im Grunde ein Weblog-System. In Kapitel 38 werden wir noch ausführlicher auf Weblogs und ihre Funktionsweise eingehen.

Mittlerweile existieren ganz unterschiedliche und äußerst gelungene Versuche, WordPress zu einem Content Management System auch für konventionelle Internetauftritte zu erweitern. Die Online-Software empfiehlt sich, um kleinere, höchstens aber mittlere Websites zu realisieren. Wer sehr komplexe Strukturen, aufwendige Designs oder umfangreichere Funktionen (Anbindung an Online-Shop, Mehrsprachigkeit oder Ähnliches) benötigt, ist mit TYPO3 als Content Management System deutlich besser bedient.

Ein großer Vorteil von WordPress (und anderen erprobten Systemen) ist sicherlich, dass eine Website-Erstellung immer ganz automatisch ein Mindestmaß an Benutzerfreundlichkeit bereithält. Die Anordnung der Menüs, die Auffindbarkeit von Informationen auf der Website und die textliche Struktur sind durch den häufigen Einsatz dieser Systeme bereits so weit optimiert, dass ich mir über diese Grundfragen erstmal keine Sorgen machen muss. Darüber hinaus beinhaltet WordPress eine Reihe von Web 2.0-Funktionen (zum Teil als kostenfreie Plugins), mit denen sich Inhalte sehr einfach verwalten lassen.

Der hauptsächliche Tummelplatz für WordPress ist demnach natürlich das sogenannte „Web 2.0“, dem wir uns ebenfalls in den nachfolgenden Kapiteln widmen. Tatsächlich zählt das Blogsystem zu den Marktführern in den Weiten der Blogosphäre. Wie schon TYPO3 verfügt auch WordPress über ein Backend, über das Sie Ihr Weblog verwalten. Nicht wenige halten die Bedienung in dieser Rückansicht der Website für absolut intuitiv und damit für unschlagbar. Werfen wir einmal einen Blick in das Backend von WordPress (siehe Abbildung 11 auf der folgenden Seite).

Anders als bei TYPO3 ist das Backend nicht in Spalten aufgeteilt; stattdessen finden Sie an dieser Stelle ein vertikales oder (in älteren Versionen) horizontales Menü, das nach unterschiedlichen Aufgaben (zum Beispiel Schreiben und Verwalten) gegliedert ist. Der Texteditor fällt bei WordPress besonders übersichtlich aus und erinnert nicht nur farblich stark an Microsoft Word. Unter „Verwalten“ befinden sich Ihre komplette Seitenstruktur und sämtliche von Ihnen oder Ihrem Redakteur verfassten Artikel.

Die Gestaltung der Website wird bei WordPress über sogenannte *Themes* gelöst. Diese lassen sich – im Gegensatz zu TYPO3 – sehr leicht, gewissermaßen auf Knopfdruck installieren. Im Netz sind unzählige kostenfreie Layouts zum Download erhältlich, die ganz unterschiedliche Geschmäcker

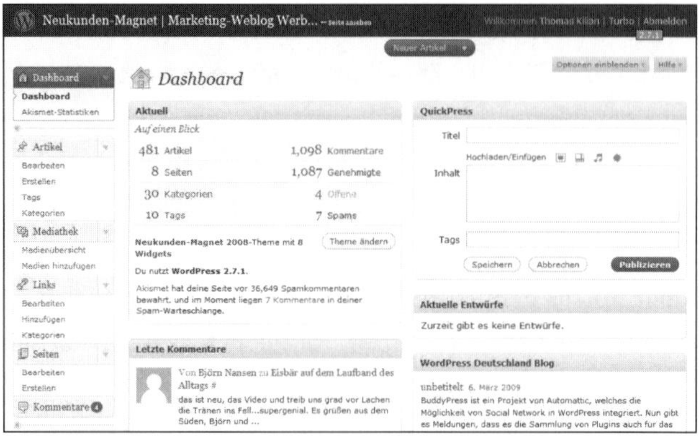

Abbildung 11: Backend WordPress 2.7 im Neukunden-Magnet Weblog. Links im Menü werden die Artikel und Seiten bearbeitet bzw. Einstellungen zum Layout des Weblogs vorgenommen.

bedienen. Ich bin selbst zwar kein Fan von Artikeln „von der Stange", sodass wir in der Agentur in der Regel eigene Layouts für WordPress entwickeln, aber für den Einstieg oder für spezielle Projekte finden sich hier sicher geeignete Möglichkeiten. Das Theme wird einfach per FTP-Programm (eine Software zum Upload von Dateien auf den Server) in ein spezielles Verzeichnis von WordPress kopiert und im Backend ausgewählt. Wenige Sekunden später steht der neue „Look" zur Verfügung.

Das Schöne an Content Management Systemen ist ja die Trennung von Technik, Gestaltung und Inhalten. Ein optischer Relaunch oder eine Veränderung an technischen Spezifikationen erfordert deshalb nicht, dass die komplette Seite neu programmiert werden muss. Wenn Sie morgens frische Kleidung anziehen, bleiben Sie ja auch immer noch der gleiche Mensch.

In dieser Weise ist auch WordPress von der Flexibilität her einfach unschlagbar. Und so gibt es für dieses Blog-System ebenfalls eine Vielzahl an Erweiterungen, die hier jedoch Plugins genannt werden. Suchmaschinenfreundliche Weblogs und Internetseiten zu erstellen, ist mit diesem Content Management System ohne Probleme möglich, wie wir in der nächsten Runde sehen werden.

Runde 36 – Suchmaschinen-Optimierung mit WordPress

WordPress bringt als Weblog-Software eine ganze Reihe von Features mit, die sich für die Suchmaschinen-Optimierung eignen. Jeder Eintrag erhält einen eigenen Titel und ist zugleich über Schlagworte („Tags") und Kategorien mehrfach zu finden. Die ausgezeichnete interne Linkstruktur ist für Google & Co. eine wahre Freude beim Durchsuchen der Inhalte.

Wie auch bei TYPO3 lassen sich mit wenigen Handgriffen „sprechende URLs" erzeugen. Zuständig dafür ist eine integrierte Funktion im Bereich der Einstellungen namens „Permalinks". Diese „permanenten Linktitel" lassen sich unterschiedlich konfigurieren:

Standard	*http://www.meinefirma.de/?p=123*
Tag und Name	*http://www.meinefirma.de/2008/12/09/titel-der-seite*
Monat und Name	*http://www.meinefirma.de/2008/12/titel-der-seite*
Numerisch	*http://www.meinefirma.de/archives/123*

Die Standard-Variante schweigt wie ein Grab. Sie ist zwar von Suchrobotern zu durchforsten, bietet aber für meine Besucher keinen Mehrwert. Gleiches gilt für die numerische Variante. Aber auch die Sortierung nach Tag oder Monat gefällt mir noch nicht. Das Datum in der Internetadresse eines Artikels finde ich persönlich störend, wobei es für Newsseiten durchaus seine Berechtigung hat (das sieht auch der Google News-Dienst so). Gut für mich, dass es eine weitere (benutzerdefinierte) Einstellung gibt:

/%postname%/	*http://www.meinefirma.de/titel-der-seite*

In meinen Augen schon besser! Nun steht der Titel der Seite oder des Artikels in der Internetadresse. Ich kann zusätzliche Keywords unterbringen und meinen Besuchern deutlich zeigen, worum es in diesem Beitrag geht. Es besteht noch die Möglichkeit, „topics“ einzugeben, um noch die entsprechende Kategorie vor dem Titel hinzuzufügen:

http://www.meinefirma.de/kategorie/titel-der-seite

Letztlich ist die Entscheidung über das Redeverhalten der Internetadresse sicher Geschmackssache. Aber lassen Sie sich auf keinen Fall die Möglichkeit entgehen, Ihre URLs durch Permalinks zum „Quatschen“ zu bringen.

Die Generierung der Internetadressen geschieht in WordPress von nun an automatisch. Dazu wandelt die Software den Titel der Beiträge oder der Seiten in für Suchmaschinen lesbare Zeichen um. Aus „10 Tipps, um erfolgreich ins neue Jahr zu starten“ wird dann http://www.meinefirma.de/10-tipps-um-erfolgreich-ins-neue-jahr-zu-starten. Satzzeichen werden ignoriert und die Leerzeichen mit Bindestrichen aufgefüllt.

Doch Achtung! In der Basisversion von WordPress werden leider auch die Umlaute verkürzt. So wird aus „Büroräume“ schnell das Wort „buroraume“, was im Sinne der Suchmaschinen natürlich kein gutes Keyword darstellt. Sie haben zwar die Möglichkeit, den Seitentitel nachträglich manuell anzupassen, doch wer möchte seine Zeit schon mit derlei Nichtigkeiten verschwenden? Abhilfe schafft ein kleines Plugin namens *o42-Clean-Umlauts*. Es sorgt dafür, dass bei der automatischen Umstellung auch die Umlaute berücksichtigt werden. So kommen die „bueroraeume“ schließlich doch noch zu ihrem Recht und werden von Google & Co. entsprechend berücksichtigt.

Eine Parallele zu einer bereits vorgestellten Erweiterung bei TYPO3 bietet das Plugin *Google XML Sitemaps*. Hier haben Sie die Möglichkeit, eine XML-Sitemap Ihrer Seiten- und Artikelstruktur automatisch generieren und an

Google melden zu lassen. Zahlreiche Einstellungsmöglichkeiten lassen Bloggerherzen höher schlagen, sind aber für den eigentlichen Zweck des Plugins nicht erforderlich. Einmal aktiviert und gestartet, arbeitet diese Funktion ganz brav im Hintergrund und stellt Ihnen unter der Adresse http://www.meinefirma.de/sitemap.xml jederzeit eine aktuelle Sitemap zur Verfügung, die Sie beim Google Webmaster-Programm (siehe Runde 27) anmelden können.

Ein Highlight für die Suchmaschinen-Optimierer in WordPress stellt sicher das von Sergej Müller entwickelte Plugin *wpSEO* dar. Es ist dem Google-orientierten Blogger gewissermaßen auf den Leib geschneidert und deckt eine Vielzahl von Einstellungs- und Konfigurationsmöglichkeiten ab, die für die Optimierung wichtig sind. So können Sie den Titel, die Beschreibung und das Keywords-Metatag automatisch für jeden Eintrag unterschiedlich generieren lassen, abhängig von den Inhalten, der Kategorie und den Schlagworten der Seite. Sie erreichen dadurch eine ideale Kombination aus passenden Begriffen.

Aber wpSEO kann noch mehr. Das Plugin räumt überflüssigen Quellcode auf, um die Keyword-Dichte zu erhöhen, benennt Bilder und Grafiken entsprechend dem Seitentitel um (aus p0767677.jpg wird dann etwa „neukunden-gewinnung.jpg") und vermeidet automatisch den sogenannten „Duplicate Content" (dt. „Doppelter Inhalt"), der zwar von Google nicht mehr abgestraft wird, aber auch nicht unbedingt nötig ist.

Für private Weblogs ist wpSEO kostenfrei nutzbar, aber auch gewerbliche Anbieter sollten die Investition von rund 20 Euro nicht scheuen, um ihrer WordPress-Installation den Suchmaschinen-Turbo zu verpassen.

Checkliste „Content Management Systeme"

	Fragen	Ja	Nein	Notizen
1.	Wissen Sie, ob sich ein Content Management System in Ihrem speziellen Fall auch wirklich lohnt?			
2.	Kennen Sie die Vorteile, die sich aus der Nutzung eines solchen CMS ergeben?			
3.	Können Sie bereits eine Entscheidung darüber treffen, welches dieser Systeme (zum Beispiel TYPO3 oder WordPress) am besten zu Ihnen passt?			
4.	Sind Sie bereit, sich selbst mit einem CMS zu befassen oder ggf. einen Mitarbeiter oder eine Agentur damit zu betrauen?			
5.	Möchten Sie auch in Zukunft die Möglichkeit besitzen, auf Ihrer Website schnell, problemlos und Suchmaschinen-freundlich Inhalte zu erstellen und zu bearbeiten?			
6.	Wissen Sie, welche Erweiterungen (Extensions, Plugins) Ihnen zur Verfügung stehen, um sowohl Kunden als auch Suchmaschinen zu erfreuen?			
7.	Sind Ihnen die Prinzipien einer Suchmaschinen-Optimierung mittels TYPO3 oder WordPress geläufig?			
8.	Kennen Sie den Unterschied zwischen einem Weblog-System und einem klassischen Content Management System?			
9.	Haben Sie bereits eine gute Vorstellung davon, wie Sie mit einem CMS schnell zu einem dynamischen Unternehmen im Internet werden können?			
10.	Wissen Sie, worin der Unterschied zwischen dem Frontend und dem Backend besteht?			

7. Ausdauerlauf (Runde 37 bis 52) – Neukunden-Gewinnung im Web 2.0

Zu Hause weiht der Igel seine Frau in die Sache ein: „Der Hase läuft in einer Furche und ich in der anderen, und dort oben fangen wir an. Du hast nun weiter nichts zu tun, als daß du dich hier unten in die Furche stellst, und wenn der Hase in seiner Furche daherkommt, so rufst du ihm entgegen: „Ich bin schon da!“

Der Begriff „Web 2.0“ geistert schon seit geraumer Zeit durch die Weiten des Internets, hat jedoch erst seit wenigen Jahren das Marketing erreicht und hält mittlerweile auch Einzug in kleine und mittelständische Unternehmen. Dennoch ist diese Sammelbezeichnung vielen noch immer fremd. Dabei verbirgt sich hinter „Web 2.0“ eine Vielzahl spannender und sehr nützlicher Entwicklungen, die vor allem eines möglich machen: Eine sehr viel offenere und direktere Kommunikation der Menschen untereinander. Daher sprechen Experten auch lieber von „Social Media“, um deutlich zu machen, dass es eben nicht nur eine technologische Weiterentwicklung ist.

Wie auch der Igel seine Frau in die Herausforderung des Wettlaufs mit einbezieht, bieten die Funktionen des sogenannten „Mitmach-Webs“ ebenfalls die Möglichkeit, gewissermaßen gemeinsam mit den Besuchern der Internetseite die werblichen Ziele zu verwirklichen. Damit ist Web 2.0 auch für die Neukunden-Gewinnung eine ideale Entwicklung, liegt doch der große Nutzen in der Schnelligkeit des Dialogs. Konnten Sie sich früher mit Experten, gleich zu welchem Thema, nur auf Konferenzen austauschen, so finden Sie heute in Foren, Communitys und Blogs nicht einfach nur Dialogpartner – Sie dürfen auch noch auf schnelle Antworten hoffen. Die wichtigsten Entwicklungen im Web 2.0 sind sicherlich Weblogs, Social Communitys, Twitter, Podcasts und Video-Plattformen. Doch es tauchen fast täglich neue Anwendungen auf, die den Dialog von User zu User erleichtern. In den nächsten Kapiteln zeige ich Ihnen deshalb, wie Sie die flinken Beine des Langohrs mit dem klugen Kopf des Igels in Einklang bringen und so das Web 2.0 zur Neukunden-Gewinnung nutzen.

Entscheidungshilfe – Sollte ich auf den Zug des „Mitmach-Webs“ aufspringen?

Ein Weblog ist genau dann richtig, wenn ...	Sie sollten Twitter nutzen, wenn ...	Crowdsourcing lohnt sich für Sie, wenn ...	Podcasts und Videocasts sind für Sie passend, wenn ...
... Sie regelmäßig über Neuigkeiten in Ihrem Unternehmen oder Ihrer Branche informieren möchten.	... Sie die Möglichkeit haben, regelmäßig Kurznachrichten an Geschäftspartner und potenzielle Kunden zu verschicken.	... Sie offen dafür sind, die Meinung Ihrer Kunden zu erfahren.	... Sie nach erschwinglichen Alternativen zur Fernseh-, Radio- und Kino-Werbung suchen.
... Sie den Dialog zu Ihren Kunden suchen und Ihre Leser die Möglichkeit haben sollen, ihre Meinungen auf Ihrem Weblog zu veröffentlichen.	... Sie einen bestimmten Personenkreis zuerst über Neuigkeiten in Ihrem Unternehmen (etwa ein neues Produkt, zum Beispiel zu Testzwecken) informieren möchten.	... Sie das Wissen und die Fähigkeiten Ihrer Kunden erkennen und nutzen wollen.	... Sie mit Video-Clips eine besonders große oder eine ganz bestimmte Zielgruppe erreichen möchten.
... die Suchmaschinen-Optimierung Ihrer Website (noch) nicht die gewünschten Effekte erzielt.	... Sie Ihre Online-Kommunikation stärker fokussieren möchten, um dadurch viele Menschen zu erreichen.	... Ihre Online-Werbung bislang „ins Leere“ läuft und Sie verstehen möchten, woran es liegt.	... Sie „bewegte“ Einblicke in Ihr Unternehmen geben möchten oder wenn Sie erklärungsbedürftige Produkte und Angebote haben.
... Sie in Google bei bestimmten Keywords höher gelistet werden möchten, die deutlich mehr als eine Million Suchtreffer aufweisen (also eine langfristige Strategie notwendig ist).			... Sie sich wünschen, dass sich Ihre Werbefilme im Internet verbreiten, um so neue Zielgruppen zu erschließen.

Runde 37 – Web 2.0 unter der Lupe

Noch vor einigen Jahren war Erfolg im Internet totgeglaubt. Die Blase von bis dahin äußerst erfolgreichen Online-Unternehmern war geplatzt. Shop-Systeme gingen Pleite, große Internetportale und Online-Plattformen warfen keine Gewinne mehr ab. Zahlreiche Unternehmen hatten sich mit Ihren Investitionen in virtuelle Startups verspekuliert und dabei anscheinend aufs falsche Pferd gesetzt. Doch nur wenige Jahre später steht eine neue Generation in den Startlöchern.

So beschreibt „Web 2.0" zum einen die nahezu revolutionäre Entwicklung des Internets seit dem Jahr 2004: Ausschlaggebend war die rasante Verbreitung der sogenannten „Weblogs", auch als „Blogs" abgekürzt. In diesen Online-Journalen veröffentlichen Blogger regelmäßige Beiträge, die rückwärts chronologisch geordnet und mithilfe von sogenannten RSS-Feeds (siehe Runde 39) abonniert werden.

Zum anderen bezeichnet „Web 2.0" eine ganze Fülle von Funktionen, die von der Beteiligung durch Internet-User leben. „User Generated Content" (zu Dt. „Inhalte, die von den Benutzern bereitgestellt werden") ist das Zauberwort, das aus dem bisher passiven und konsumorientierten Web eine Plattform zur aktiven Teilnahme macht. Das „Web 2.0" wird deshalb auch als „Mitmach-Web" bezeichnet.

Das Online-Lexikon Wikipedia ist ein gutes Beispiel für solche Anwendungen, ebenso wie die Bookmark-Sammlung Mister Wong oder die Videoplattform YouTube. Hier können die User ihre eigenen Texte, Videos und Produkte veröffentlichen und sich mit Gleichgesinnten vernetzen.

Früher waren teure Software und Programmier-Kenntnisse Voraussetzung, um sich online zu präsentieren. Nun können auch Anwender mit geringen technischen Kenntnissen erweiterte Funktionen im Internet nutzen. Dadurch wurden selbst Anwendungsprogramme wie Textverarbeitung und Tabellenkalkulation, die Erstellung von Rechnungen und weitere Dinge mehr vom PC ins Internet verlagert. Allen voran Google bietet hier eine Fülle von Programmen, die sich online (und gleichsam mit anderen vernetzt) bedienen lassen.

Ein wesentlicher Vorteil der neuen Internet-Generation besteht darin, den eigenen Onlineauftritt unkompliziert und kostengünstig gestalten und verwalten zu können. Dank einer benutzerfreundlichen Oberfläche werden nach der einmaligen Installation weder teure Software noch Programmierkenntnisse gebraucht, um aktuelle Inhalte zu veröffentlichen.

Die starken Verbindungen innerhalb der sogenannten „Blogosphäre" helfen Unternehmen, sich aktiv zu vernetzen und dadurch auch von Suchmaschinen schnell gefunden zu werden. Darüber hinaus führt die Auflistung in Social Bookmark-Verzeichnissen oder anderen Diensten zu einer erhöhten Wahrnehmung. Der Networking-Gedanke wird durch die Funktionen von „Social Software" stark erleichtert.

Ein wesentliches Merkmal insbesondere von Weblogs ist die Möglichkeit zum Dialog mit Kunden. Über eine Kommentarfunktion können User ihre Meinung zu Produkten und Angeboten mitteilen. Dadurch sind ein zielgerichteter Vertrauensaufbau und eine spezifische Öffentlichkeitsarbeit möglich, die wiederum für Mund-zu-Mund-Propaganda sorgen.

Im Bereich der äußerst populären Podcasts und Videocasts können Unternehmen ihre Zielgruppen multimedial begeistern. Dadurch lassen sich Werbebotschaften noch effektiver transportieren, da sie alle Sinne ansprechen. Über spezielle Plattformen ist es leicht möglich, User zur Weitergabe von Videoclips zu motivieren.

Nicht zuletzt steigert die Nutzung moderner und innovativer Medien das Image eines Unternehmens. Wer will schon gerne die Chance verpassen, vorne mit dabei zu sein? „Web 2.0“ bietet die Möglichkeit, im Werbedschungel schneller und effektiver voranzukommen. Doch im Gegensatz zur ersten Web-Generation scheint die Weiterentwicklung des Internets nun stark genug zu sein, um auch nachhaltigen Erfolg zu garantieren.

Runde 38 – Weblogs: Mehr als Tagebücher Ihres Erfolgs

Weblogs sind als Teil einer neuen Generation von Internet-Anwendungen aus unserem Alltag gar nicht mehr wegzudenken. Wurden sie anfänglich als Online-Tagebücher pubertierender Schulmädchen belächelt oder durch Äußerungen wie „Weblogs sind die Klowände des Internets“ negativ dargestellt, haben sie sich mehr und mehr als fester Bestandteil des Internets etabliert. Zahlreiche Business-Weblogs zeigen, dass diese Form der Online-Kommunikation mittlerweile auch in den Unternehmen angekommen ist und sich hervorragend zur Neukunden-Gewinnung eignet.

Der Hase hätte nie damit gerechnet, dass ihn der Igel mit seinen krummen Beinen im Wettkampf schlagen könnte. Ebenso wenig hatten vor einigen Jahren die Skeptiker daran geglaubt, dass sich Weblogs als kommunikatives Medium durchsetzen könnten.

Bei einem Weblog (Web + Logbuch), auch als „Blog“ abgekürzt, handelt es sich um eine Internetseite, auf der regelmäßige Beiträge veröffentlicht werden, die rückwärts chronologisch geordnet sind. Der jeweils neueste Beitrag steht an der ersten Stelle, die alten Beiträge rutschen nach und nach weiter nach hinten und werden monatsweise oder in speziellen Kategorien archiviert. Es existieren Weblogs zu den verschiedensten Themen. Neben privaten Online-Tagebüchern, die in der Tat keine für die Masse relevanten Informationen enthalten, gibt es eine ganze Reihe von fachlich sehr anspruchsvollen und thematisch ausgerichteten Weblogs. Vor allem in den

Bereichen Internet, Marketing, Werbung und Technik finden sich zahlreiche Publikationen dieser Art, die von einem oder mehreren Autoren („Bloggern“) betrieben werden.

Die Bedienung eines Weblogs ist kinderleicht. Einmal eingerichtet, lassen sich die Inhalte ohne Programmierkenntnisse pflegen. Ein Blog-System wie etwa „WordPress“ ist extra dazu ausgelegt, Texte, Bilder und Dokumente über Formularfelder eingeben und direkt veröffentlichen zu können. Ein weiterer Vorteil von Weblogs besteht darin, dass sich die Beiträge über sogenannte „RSS-Feeds“ abonnieren lassen, wie wir in der folgenden Runde noch ausführlicher feststellen werden.

CASE STUDY AFGHANISTAN-MAGAZIN

Zusammen mit dem Bucher Verlag hat die international tätige Hilfsorganisation ADRA Deutschland ein Buch über „das andere Afghanistan“ herausgebracht. Um den Vertrieb des Buches anzukurbeln und zugleich auf die Hilfsprojekte von ADRA in Afghanistan aufmerksam zu machen, wurde die Agentur Thoxan mit einer Werbekampagne beauftragt.

Die Herausforderung bestand darin, mit einem geringen Budget hohe Aufmerksamkeit bei Afghanistan-Interessierten zu erzeugen. Doch wie sollten diese erreicht werden? Anzeigen in bundesweiten Tageszeitungen wären viel zu kostspielig gewesen und hätten längst nicht den gewünschten Erfolg gebracht. Die Streuverluste wären zu groß gewesen. Gefragt war eine Maßnahme, die die äußerst spezielle Zielgruppe der Afghanistan-Interessierten erfolgreich erreicht.

Wir richteten ein umfassendes Weblog zum Thema „Das andere Afghanistan“ ein, in dem ein Team von Autoren kurze Berichte über Projekte, Erfahrungen und kulturelle wie geschichtliche Hintergründe über Afghanistan veröffentlicht (http://afghanistan.adra.de). Parallel eröffneten wir eine gleichnamige Gruppe auf der Business-Plattform XING, in die wir Afghanistan-Interessierte einluden. Mittlerweile sind dort über 160 Teilnehmer (Stand Herbst 2008) angemeldet, die sich in verschiedenen Foren miteinander austauschen und sich weiter über Afghanistan informieren können. Ein monatlicher Newsletter hält die Gruppe über aktuelle Entwicklungen auf dem Laufenden.

CASE STUDY AFGHANISTAN-MAGAZIN (Fortsetzung)

Dieses Projekt schlägt mehrere Fliegen mit einer Klappe: Das Online-Magazin (Weblog) bildet den Kern der Kampagne. Hier bieten die redaktionellen Beiträge einen hohen Informationsgehalt, der sehr spezifisch ausgerichtet ist (Nische). Das Weblog ist in höchstem Maße für Suchmaschinen optimiert, sodass bereits nach kurzer Zeit viele Besucher über Google & Co. auf die Seite finden, die nach Begriffen zum Thema Afghanistan gesucht haben (Zielgruppe abholen). In der XING-Gruppe werden weitere Afghanistan-Interessierte auf das Magazin aufmerksam gemacht. Durch die Verlinkung des Weblogs in anderen Afghanistan-Websites erzeugt die Seite nach und nach immer mehr Anziehungskraft. Wer nach Afghanistan in Kombination mit anderen Begriffen (Geschichte, Frauen, Kultur usw.) sucht, kommt mittlerweile um den Online-Auftritt von ADRA Deutschland nicht mehr herum.

Runde 39 – Informationen per RSS verfügbar machen

Der Igel macht es sich wirklich einfach. Anstatt mit dem Hasen um die Wette zu laufen, lässt er das Langohr von einer Seite des Feldes auf die andere rennen und taucht abwechselnd mit seiner Frau am Feldrand auf. Machen Sie es Ihren potenziellen Kunden im Sinne des Igels doch genauso einfach, über Ihre Produkte oder Ihr Unternehmen automatisch auf dem Laufenden zu bleiben.

Für viele ist RSS noch immer ein unbekanntes Wesen. Dabei werden RSS-Feeds bereits auf vielen Websites angeboten. Vor allem im Bereich der Weblogs hat das System der „wirklich einfachen Verbreitung" (RSS = engl. „really simple syndication") dazu beigetragen, die Popularität der Angebote zu erhöhen. Ein unabhängiges Dateiformat (in der Regel XML) ermöglicht es dem Betreiber einer Website, seine Leser mittels RSS-Feeds über neue Veröffentlichungen automatisch zu informieren.

Die Besucher können mit einer speziellen Software, einem sogenannten *RSS-Reader*, die Nachrichten dieser Internetseite abonnieren. Ähnlich wie bei einem Newsletter melden Sie sich für den RSS-Feed an. Allerdings müssen Sie keine E-Mail-Adresse oder sonstige Informationen angeben. Die Bestellung und auch das Löschen eines RSS-Feeds geschieht vollkommen anonym.

Damit unterscheidet sich der RSS-Feed deutlich vom klassischen E-Mail-Newsletter. Per RSS werden die Inhalte automatisch für Interessenten veröffentlicht, ein Newsletter muss in der Regel gesondert erstellt werden (hier gibt es Ausnahmen, ich weiß ...). Newsletter kommen zu jeder günstigen oder ungünstigen Zeit in mein Postfach gepurzelt, mit RSS kann ich die Beiträge dann lesen, wenn ich Zeit dazu habe.

Um Feeds mit einem Feedreader (ein leicht zu bedienendes Programm findet sich unter *www.feedreader.com*) zu abonnieren, gehen Sie wie folgt vor:

1. Klicken Sie zuerst auf den RSS-Link, der meist in Form eines orangen RSS-Zeichens kenntlich gemacht ist. Häufig befindet sich der Link in einer Spalte an der Seite oder ganz unten auf der Internetseite. Es erscheint in der Adresszeile Ihres Browsers eine URL, die Sie bitte kopieren.
2. Öffnen Sie Ihren Feedreader und fügen Sie den Link aus der Zwischenablage hinzu. Bei der von mir empfohlenen Software gehen Sie auf den Button „Neu" und es erscheint am oberen Bildrand ein Feld, das mit „Feed hinzufügen" überschrieben ist. Fügen Sie dort die URL ein und bestätigen Sie mit „Ok".
3. In der Liste der RSS-Feeds erscheint nun der Name der neu abonnierten Website. Sie können diesen Eintrag auch umbenennen oder einem Unterordner zuweisen. Selbstverständlich können Sie einen RSS-Feed auch jederzeit wieder löschen, wenn Sie die Inhalte nicht mehr interessieren.

Ich habe mittlerweile um die 150 verschiedene RSS-Feeds abonniert, die ich regelmäßig lese, beziehungsweise vielmehr nach interessanten Informationen „scanne". Wenn sich eine Überschrift spannend anhört, folge ich dem Link und rufe damit die dahinter liegende Website in meinem Internetbrowser auf. Besonders gute Beiträge kann ich als Favoriten mit einem Stern markieren. Der große Vorteil von RSS-Feeds besteht darin, dass ich nicht jeden Tag meine favorisierten Websites extra aufrufen muss, um nachzusehen, ob es überhaupt etwas Neues gibt. Ich werde zeitnah und automatisch über die Veröffentlichungen informiert. Diese Funktion ermöglicht es, eine Vielzahl von Weblogs schnell und unkompliziert im Auge zu behalten, ohne viel Zeit in die Informationsbeschaffung zu stecken. Nutzen Sie doch diesen Vorteil, um Ihre Interessenten und Kunden nachhaltig an sich zu binden.

Runde 40 – Weblogs ermöglichen Dialog mit Kunden

Viele Unternehmen haben einfach noch nicht verstanden, dass Neukunden-Gewinnung sehr viel mit dem Aufbau von Beziehungen zu tun hat. Potenzielle Kunden sind keine Roboter, keine Opfer und auch keine Marionetten. Kunden sind Menschen aus Fleisch und Blut. Sie haben Gefühle, Erwartungen und Wünsche. Wer andere immer mit einem unpersönlichen „Sehr geehrte Damen und Herren" tituliert und nicht in der Lage ist, sich auf konkrete Bedürfnisse einzustellen, darf sich über ausbleibende Kunden nicht wundern.

Infobox „Macht ein Blog für mich wirklich Sinn?"

- Die redaktionelle Pflege von Inhalten ist mit einem Weblog ein echtes Kinderspiel.
- Wer regelmäßig fachlich kompetent Inhalte veröffentlicht, wird als Experte wahrgenommen.
- Für Suchmaschinen-Optimierung sind Weblogs aufgrund Ihrer Struktur sehr praktisch.
- Im Dialog mit Kunden (und solchen, die es werden wollen), sind Weblogs das Mittel der Wahl.
- In der „Blogosphäre" (Gemeinschaft der Blogger) lassen sich Nachrichten gezielt verbreiten.

Als kleine „Stützhilfe" in Sachen Dialog gibt es inzwischen immer mehr Websites, die als Weblog konzipiert werden. Der große Vorteil im Hinblick auf die Kommunikation ist, dass die Leser die Möglichkeit erhalten, ihre Meinung zu einem Beitrag abzugeben. Es gibt bei der Kommentarfunktion zwei Varianten: Entweder die Kommentare erscheinen direkt online und ich erhalte als Autor eine Benachrichtigung per E-Mail, oder die Kommentare müssen zunächst freigeschaltet werden, bevor sie erscheinen.

Ich habe mich in unserem Agentur-Weblog dafür entschieden, die Kommentare direkt verfügbar zu machen. So müssen die Leser nicht erst eine unbestimmte Zeit warten, bis ihr Beitrag erscheint (Vertrauensvorschuss ist immer gut). Außerdem rufe ich sowieso regelmäßig meine E-Mails ab und kann dadurch recht zeitnah reagieren.

Wichtig ist, auf Kommentare dann auch tatsächlich einzugehen. Im Dialog kommunizieren immer zwei oder mehr Personen miteinander. Nichts schadet mehr, als auf Fragen und Meinungen als Reaktion auf einen Artikel nicht ebenfalls wieder zu reagieren. Natürlich kann es auch mal stressige Tage geben, man sitzt in einem Meeting oder ist über das Wochenende verreist – aber innerhalb von 24 bis 48 Stunden sollte eine Reaktion erfolgen, um nicht unglaubwürdig zu erscheinen.

Dialog geschieht aber nicht nur mit Kunden und Lesern, sondern auch mit anderen Autoren, Bloggern und Webmastern. So bietet die sogenannte „Trackback"-Funktion bei Weblogs die Möglichkeit, auf Artikel anderer Websites zu verweisen. Wenn ich jemanden zitiere oder ein Thema eines anderen Weblogs aufgreife, signalisiere ich durch einen Trackback die Verbindung zum Ursprungsbeitrag.

Wer häufig interessante Beiträge schreibt, der wird von anderen auch zitiert und sammelt dadurch eingehende Links („Backlinks"), die für Suchmaschinen ja ebenfalls wichtig sind. Ein Trackback ist in diesem Sinne für den empfangenden Blogger ein „Backlink".

In Richtung Blogger-Championsleague entwickeln sich diejenigen, die perfekte „Doppelpässe" beherrschen. So nutze ich ab und zu Beiträge von anderen Bloggern, um selbst einen Artikel zu diesem Thema zu verfassen und greife dabei bewusst Gedanken aus der Vorlage auf, die ich dann unter anderen Gesichtspunkten weiterentwickle. Durch einen Trackback kennzeichne ich die Verbindung. Der andere Blogger erhält in einem Weblog eine Nachricht über die Verlinkung und greift im besten Fall meinen Beitrag erneut auf und entwickelt ihn weiter. So entstehen (auch thematisch!) gut verlinkte Beiträge, die sich gegenseitig befruchten und ein Thema in voller Breite darstellen. Für die Besucher sind solche „Doppelpässe" interessant zu lesen und für Suchmaschinen trägt die Verlinkung durch Trackbacks ebenfalls zur Freude bei.

Runde 41 – So lieben Suchmaschinen Weblogs

Ich könnte jetzt ein weiteres Märchen erzählen: Wer neue Kunden gewinnen möchte, richtet einfach ein Weblog ein, schreibt einige Artikel und wird dann ganz schnell bei Google überall auf Platz 1 geschoben. Doch so einfach ist es leider nicht. Und trotzdem machen es Weblogs relativ leicht, Suchmaschinen zu beeindrucken.

Weblogs sind Artikelverzeichnisse, die regelmäßig befüllt werden (können) und dadurch ziemlich viel Text mit vielen Suchbegriffen („Keywords") enthalten. Jeder Beitrag zählt für sich als einzelne Seite, hat eine feste Seitenadresse und ist durch die Kategorie- und Archivstruktur auch nach Jahren noch gut für Suchmaschinen zu finden.

Allein der Umfang einer Website ist für Google & Co. bereits ein wichtiges Kriterium. Zählen Sie doch einfach mal die Unterseiten Ihrer bisherigen Webpräsenz. In den meisten Fällen sind es zwischen 5 und 20 Unterseiten, größere Unternehmen kommen vielleicht auf 30 bis 50 Unterseiten, auf denen sie sich und ihre Angebote vorstellen. Mehr Inhalt lässt sich in einer klassischen Navigation meistens gar nicht unterbringen.

Wer allerdings in einem Weblog jeden Tag einen neuen Artikel schreibt, der zwar nicht mehr über eine Navigation, aber dennoch über eine Suchfunktion oder ein Beitragsarchiv zu erreichen ist, sammelt nach ein bis zwei

Jahren bereits mehrere hundert Unterseiten. Wir sprechen hier über ein Vielfaches des Volumens, das Websites normalerweise „ins Internet kippen". Google ist beeindruckt und wertet die Relevanz einer so umfangreichen Website gleich deutlich höher, als die einer Seite mit nur fünf oder zehn Unterseiten.

Ein weiterer Vorteil von Weblogs ist die optimale interne und externe Linkstruktur. Die Beiträge sind untereinander gut vernetzt, über Archiv, Kategorien und sogenannte „Tags" (Schlagworte) auch noch einmal in verschiedenen Ebenen miteinander verbunden. Darüber hinaus werden in Weblogs andere Websites häufig verlinkt und andere Webmaster verlinken ebenfalls auf das eigene Angebot („Backlinks"). Gründe hierfür sind die Aktualität von Beiträgen, die vereinfachte Software, um Links herzustellen, und automatisierte „Trackbacks", die ebenfalls von der Software generiert werden.

Bei etlichen Software-Systemen (ich empfehle hier WordPress) liegen des Weiteren eine Reihe von Suchmaschinen-freundlichen Erweiterungen vor, mit denen sich Seitentitel, Seitenadresse, Schlüsselbegriffe und andere Stellschrauben sehr individuell und komfortabel ohne Programmieraufwand festziehen lassen. Und wer mit wenig Aufwand seine Seite auch im Detail optimieren kann, der will doch darauf nicht verzichten, oder?

Suchmaschinen lieben Weblogs. Und wenn andere Leser Ihr Weblog regelmäßig besuchen und verlinken, dann wird die Liebe immer stärker. Arbeiten Sie an der Beziehung zu Google & Co., indem Sie regelmäßig gute Artikel schreiben, die Möglichkeiten der Verlinkung nutzen und sich Zeit fürs Feintuning nehmen. Dann bleibt Neukunden-Gewinnung durch ein Weblog auch kein Märchen mehr ...

Runde 42 – Nur unterhaltsamer Content „is King“

Im Kapitel über Keywords haben wir bereits erfahren, dass es für Suchmaschinen auf die richtigen Inhalte ankommt. Aber auch für menschliche Besucher ist es wichtig, dass der Inhalt „richtig ankommt“. Nichts langweilt mehr als dröge Produktinformationen, langweilige PR-Texte ohne Pfiff und bedeutungsschwere, theoretische Abhandlungen. Wer seine Besucher unterhalten will, muss einzigartige, flott geschriebene sowie ansprechende Texte und Informationen bieten.

„Content is King“ – auf den Inhalt kommt es an! Für Betreiber eines Weblogs bedeutet das eine Menge Zeit und Arbeit. Es genügt nicht, alle zwei Tage ein kurzes Zitat oder ein Video aus YouTube einzufügen. Weblogs müssen eine Seele entwickeln. Ob Sie als Autor („Blogger“) alleine sind oder mit mehreren Personen abwechselnd schreiben, spielt dabei keine Rolle: Ihre Leser müssen einen Anreiz bekommen, Ihr Weblog zu abonnieren, es häufig wieder zu besuchen und anderen weiterzuempfehlen, wenn Sie damit erfolgreich werden wollen.

Ein Punkt ist dabei besonders wichtig: Nicht jeder mag seine Meinung schreiben und kann etwas Sinnhaftes kundtun. Es gibt viele Beispiele, wo ein Weblog begonnen wurde und dann wieder einschläft. Oder wo es nur alle drei Monate eine spärliche Meldung gibt. In solchen Fällen ist eine einfache statische Website die bessere Lösung. Oder Sie suchen sich einen Redakteur, der als Ghostwriter in Ihrem Namen tätig wird. Vermeiden Sie halbe Sachen. Wenn Sie sich fürs Bloggen (lassen) entschieden haben, gebe ich Ihnen vier praktische Tipps, wie Sie Ihre Inhalte königlich aufbereiten:

Bieten Sie aktuelle Inhalte. Wenn Sie nicht in der Lage sind, wenigstens ein Mal pro Woche neue Informationen online zu veröffentlichen, dann verzichten Sie auf einen News-Bereich. Artikel, die aus dem letzten Jahrtausend stammen, erwecken entweder den Eindruck, dass es über Sie einfach nichts Interessantes zu berichten gibt oder sie zeugen von schlechter Kommunikationspolitik. Beides stößt Interessenten eher ab als sie anzuziehen.

Verzichten Sie auf gestelzte Sachinformationen. Wer will schon aalglatte Pressetexte oder Produktinformationen lesen? Versuchen Sie hingegen, aktuelle Ereignisse aufzugreifen und geschickt auf Ihre Themen umzumünzen bzw. diese darauf zu beziehen. Holen Sie Ihre Besucher bei deren Bedürfnissen ab und bieten Sie Lösungen und Ideen, die Ihrem Publikum weiterhelfen.

Lesen Sie Ihre Artikel mit der Brille Ihrer Besucher. Verstehen Ihre Leser die Sprache Ihres Weblogs? Reduzieren Sie das Fachchinesisch auf ein Mindestmaß und erklären Sie Fremdwörter. Überlegen Sie noch einmal, an welche Zielgruppe sich Ihr Weblog richtet, und schreiben Sie für diese Zielgruppe. Es kann sich ohnehin auszahlen, wenn Sie das Themenspektrum begrenzt halten und sich auf eine Nische konzentrieren. Vermeiden Sie aber auch hier, allzu einseitig zu texten.

Bereiten Sie die Artikel optisch auf. Wer liest schon gerne reine Textwüsten? Eine griffige Überschrift, sinnvolle Zwischenüberschriften, Absätze, eingeschobene Zitate, passende Fotos, Grafiken oder kurze Videoclips sorgen für die nötige Auflockerung und machen den Text lesefreundlich. Spielen Sie mit der Sprache. Bilden Sie kurze Sätze. Wechseln Sie mit längeren, verschachtelten und interessanten Sätzen ab, die Ihre Leser neugierig machen, welche weiteren Aspekte es zu entdecken gibt. Abwechslung ist eine Freude. Für die Augen. Punkt.

Runde 43 – Autorentreff 2.0: Die Blogparade zieht durchs Dorf

Besonders gute Erfahrungen zur Bekanntmachung eines Weblogs habe ich mit einer sogenannten „Blogparade“ (oder umgangssprachlich „Blog-Karneval“) gemacht. Als ich unser Agentur-Weblog *Neukunden-Magnet* gerade gestartet hatte, lief so ein Blog-Karneval bei einem anderen Blogger, an dem ich mich beteiligte. Dadurch inspiriert, organisierte ich wenige Wochen später den *3. Business-Blog-Karneval* zum Thema „Erfolgreich mit Neuen Medien“.

Ziel einer Blog-Parade ist es, von anderen Bloggern Artikel zu einem gewählten Thema zu erhalten. Diese können bereits in anderen Weblogs veröffentlicht sein oder im eigenen Weblog publiziert werden. Ein Link zum Autor sowie eine kurze Vorstellung sind dabei unerlässlich, bilden sie doch die notwendige Grundlage für eine Vernetzung. Die Leser erhalten während der Blog-Parade einen Eindruck von verschiedensten Autoren zu einem Thema.

Bei mir haben 17 Autoren über die Frage geschrieben, wie „Internet und Web 2.0 das Business revolutionieren“. Herausgekommen ist eine Sammlung von 31 Artikeln, die aus ganz verschiedenen Blickwinkeln die unterschiedlichsten Aspekte des Themas beleuchten. Aufgrund der guten Resonanz haben wir am Schluss alle Artikel in Form eines Ebooks veröffentlicht, das kostenfrei als PDF-Datei abrufbar ist (*http://www.neukunden-magnet.de/ebook-zum-business-blog-karneval*).

Für die teilnehmenden Blogger ergeben sich laut der Rückmeldungen zwei Vorteile:

1. Die Vernetzung mit der Blogosphäre hat neue Besucher auf die teilnehmenden Weblogs gebracht.
2. Der Austausch zwischen den Bloggern hat neue Kontakte geschaffen, Weiterempfehlungen ermöglicht und Impulse gegeben.

Natürlich bedeutet die Organisation eines solchen „närrischen Treibens" einen großen Aufwand. Ich dachte vorher, dass ich etwas Zeit spare, weil andere Blogger die Beiträge schreiben, die ich selbst nicht zu schreiben brauche. Das Gegenteil war der Fall: Ich habe deutlich mehr Zeit für mein Blog aufgewendet als vorher. Doch insgesamt hat sich die Organisation einer Blog-Parade mehr als gelohnt:

1. Vor dem Blog-Karneval kannte ich vielleicht fünf Blogger persönlich bzw. über direkten Kontakt. Alle anderen nur vom Mitlesen der verschiedenen RSS-Feeds. Nach dem Blog-Karneval hatte ich sicher 50 Blogger durch direkten Kontakt (E-Mail, Telefon) kennengelernt. Ein netter Haufen!
2. Vor dem Blog-Karneval kannten mich vielleicht fünf andere Blogger. Danach konnten sicher 50 Blogger etwas mit meinem Namen und meinem Weblog anfangen. Mittlerweile sicher noch deutlich mehr.
3. Ein Thema von 17 verschiedenen Autoren gemeinsam erarbeiten zu lassen, bringt sehr viel mehr kreative Ideen, Ansätze und Hintergründe zutage, auf die ich alleine nie gekommen wäre (Blog-Karnevals sind also auch eine Form von sogenanntem „Crowdsourcing" – Wissen der Masse, siehe Runde 45).
4. Vor dem Blog-Karneval hatte ich zwischen 50 und 100 Besucher am Tag, danach waren es zwischen 200 und 300 Besucher am Tag. Bei der Entstehung des Igel-Faktors sind es circa 400 bis 500 pro Tag. Ich bin davon überzeugt, dass die Blog-Parade in Hinblick auf die Besucherzahlen für den Anfang ein idealer Katalysator war.
5. Der Neukunden-Magnet-Weblog ist durch die Blog-Parade in die Top 100 der deutschen Business-Blogs eingestiegen (Platz 91), worüber ich mich riesig gefreut habe.

Die Durchführung einer Blog-Parade ist recht einfach: Ich suche mir ein Thema, veröffentliche den Zeitraum der Aktion mit einigen Hintergrundinformationen in meinem Weblog und schreibe einige Blogger persönlich an, ob Sie teilnehmen möchten. Kleine Gewinne sowie die Verlinkung der Autoren sind für viele schon genug Anreiz, um sich an der Blog-Parade zu beteiligen. Schließlich geht es im „Mitmach-Web" ja um das Miteinander.

Wer noch unsicher ist, kann sich zunächst an einer der zahlreichen Aktionen beteiligen, die auf unterschiedlichsten Plattformen laufen. Eine gute Anlaufstelle ist die Sammlung der Blog-Paraden unter www.blog-parade.de.

Runde 44 – Vernetzung in der Blogosphäre suchen

Was in Sachen Vernetzung bei mir mit der Blog-Parade begann, habe ich in der darauf folgenden Zeit weiter ausgebaut. Guter Kontakt zu anderen Bloggern ist wichtig, wenn man sein Themengebiet einer breiten Öffentlichkeit bekannt machen möchte. Manchmal genügt es schon, dass ein einflussreiches Online-Magazin einen kurzen Artikel oder eine Empfehlung für das eigene Weblog ausspricht, um neue Besucher zu bekommen.

Ich habe mit Bloggern thematisch passender Magazine von mir aus Kontakt aufgenommen, mich persönlich vorgestellt und gefragt, ob es Möglichkeiten für eine Kooperation gibt. Ich biete anderen Bloggern an, dass sie Gastartikel zur Neukunden-Akquise bei mir veröffentlichen können und spiele auch gerne „Doppelpässe", wenn es um interessante Artikel für meine Leser geht. Mit vielen Bloggern habe ich telefoniert, mich persönlich getroffen oder wechsle regelmäßig E-Mails mit ihnen. Auch Messen wie die CeBIT in Hannover, die Online-Marketing-Messe in Düsseldorf oder die sogenannten „Barcamps" (Treffen von Web 2.0-Begeisterten) bieten immer wieder Anlass zum Get-together.

Meine Erfahrung ist, dass es in der sogenannten Blogosphäre eine hohe Offenheit zum Austausch und zur Vernetzung gibt, solange sich jeder an einige Spielregeln hält. Eigentlich sind diese Voraussetzungen nicht weiter erwähnenswert, aber um neuen Blogger-Kollegen den Einstieg zu erleichtern, will ich trotzdem kurz darauf eingehen:

Keine Massenmails. Wer hunderte Blogger unpersönlich in einer Massenmail anschreibt, braucht sich über ausbleibende Reaktionen nicht zu wundern.

Keine aufdringlichen und mehrmaligen Angebote. Eine seriöse Anfrage wird in der Regel von vielen direkt positiv oder negativ beantwortet. Wer hingegen zu aufdringlich und mehrmals mein Postfach vollstopft, fliegt automatisch in die Rundablage „P".

Keine E-Mail ohne Impressum. Wer mir als eumelbaer24@gmx.de eine E-Mail schreibt, in der ich mit „Guten Tag" begrüßt und von M. Meier verabschiedet werde, erhält keine Antwort. Eine aussagekräftige Signatur, eine persönliche Begrüßung und eine kurze Vorstellung, wer hier warum in mein Postfach stolpert, sind unerlässliche Zutaten für die erste Anfrage.

Kein Nehmen ohne zu geben. Ist das wirklich erwähnenswert? Meiner Meinung nach nicht. Meiner Erfahrung nach leider schon. Ich kann nur immer wieder den Kopf schütteln, was für dreiste Anfragen ich von einigen Zeitgenossen erhalte. Die Grenze zu Spam-E-Mails ist fließend. Ich empfehle daher, neue Kontakte aus der Blogosphäre mit einem wirklich sinnvollen Angebot zu überraschen, was in der Regel eine dankbare Reaktion (Verlinkung, Beitrag etc.) nach sich zieht.

Infobox „So gelingt die Bloggeransprache“

- Kontaktaufnahme per E-Mail/Kontaktformular bzw. wie im Impressum angegeben.
- Persönliche Begrüßung: „Sehr geehrter Herr Kilian“ oder „Hallo Herr Kilian“ meinetwegen auch „Hallo Thomas“ ...
- Auf Augenhöhe kommunizieren – Blogger sind keine Maschinen, sondern wollen respektiert werden.
- Bezug zum Weblog oder Thema des Bloggers herstellen.
- Schlüssige und unaufdringliche Informationen (kurz und knapp das Wesentliche darstellen).
- Persönliche Verabschiedung mit aussagekräftiger Signatur.

Runde 45 – Erfolgreich Besucher einbinden (Crowdsourcing)

Das sogenannte „Crowdsourcing“ ist ein neuerer Ansatz im Marketing, mit dem Besucher und Kunden gezielt in die Verbreitung der eigenen Werbung eingebunden werden können. Der Begriff setzt sich aus den Begriffen „Crowd“ (Menschenmenge) und „Outsourcing“ (Auslagern) zusammen. Ein einfaches Beispiel aus dem „Real Life“ soll zeigen, wie dieses Prinzip erfolgreich funktioniert:

Einer meiner EDEKA-Kunden hat sich für den Herbst eine echt tolle Aktion ausgedacht. Beim Flirt-Shopping hatten Singles am 27. September und 2. Oktober 2008 im EDEKA otto Markt in Löhne und Minden die Möglichkeit, mit dem anderen Geschlecht anzubandeln. „Mit Einkaufswagen auf Partnersuche“, hat der Einzelhändler aus Ostwestfalen seine Aktion umschrieben und fügt hinzu: „Es gibt romantische Musik, kleine Naschereien und sicher auch ein süßes Küsschen, damit sich Kennenlern-Freudige bei uns einen richtig netten Abend machen können.“

Auch wenn ich schon einige Jahre glücklich verheiratet bin, finde ich die Idee zu dieser Aktion wirklich witzig und gelungen. Sie zeigt auch, dass Unternehmen mit außergewöhnlichen Angeboten und einem „Mehr" an Kundenservice aus der Masse herausstechen. Diese serviceorientierte Unterscheidung vom Wettbewerb ist viel wichtiger als immer nur die „Geiz ist geil"-Mentalität zu stärken.

An dieser Stelle möchte ich jedoch nicht verschweigen, dass sich die Experten nach wie vor noch recht uneins darüber sind, was eigentlich zum Crowdsourcing hinzuzählt und was nicht – einige der Fachleute würden das obige EDEKA-Beispiel wohl aussortieren und es schlicht als clevere Werbeidee bezeichnen. Dennoch meint Crowdsourcing zunächst nicht mehr, als dass sich Firmen der Eigenschaften einer bestimmten Menschenmasse bedienen, um sich so die Werbearbeit abnehmen zu lassen.

Was in unserem Eingangsbeispiel die Fähigkeit zum Flirten ist, mit der letztlich ein Werbe-„Event" kreiert wird, ist im Internet zumeist ein Aufruf oder Wettbewerb zur Mitarbeit oder zum Mitdenken. Das „Wissen der Masse" ist immer größer als das Wissen der größten Genies. So bat der Autohersteller Fiat seine Kunden im Internet um Mithilfe bei der Gestaltung seines neuen „Fiat Cinquecento". Mit Erfolg: „Allein in den ersten 50 Tagen haben die Italiener mehr als 500.000 Zugänge gezählt, nach wenigen Monaten waren es zehn Millionen Klicks, fast 400 Menschen haben ein Foto zu den ‚500 Faces' auf die Website gestellt, und mehr als 170.000 Entwürfe zeigen, wie sich die Fans den neuen Cinquecento vorstellen", resümierte Fiat-Präsident Luca De Meo über das Projekt.

Meist bezieht sich Crowdsourcing also auf die Bereitstellung des Wissens vieler. Im Grunde geht es darum, das kollektive Wissen zu nutzen und für den Unternehmenserfolg einzusetzen. Kunden und Firmen arbeiten gezielt miteinander, um ein Produkt oder eine Werbemaßnahme zu entwickeln.

Dank der schnellen Verfügbarkeit der „Crowds“ ist das Internet immer häufiger eine Plattform, um sich schwierige und teure Entscheidungen im Marketing abnehmen oder zumindest erleichtern zu lassen. Der Grundgedanke ist: Kunden wissen in der Regel am besten, was benötigt wird.

Crowdsourcing ist damit ein Instrument, das sich gezielt am Dialogmarketing orientiert. Anders als in der häufig monologischen Werbung, die den Verbraucher „von oben herab“ beschallt, findet hier eine direkte Kommunikation statt. Der Kunde wird angesprochen und zum Mitmachen bewegt. Die Beispiele, die ich Ihnen genannt habe, beleuchten das Crowdsourcing von zwei Seiten – das eine ist extrem und gehört für so machen vielleicht nicht mehr dazu. Das andere hingegen ist ganz typisch für diese recht neue Methode. Und auch die Frage, ob etwa Wikipedia oder YouTube (in gewisser Hinsicht) Crowdsourcing betreiben, kann schnell in einer abendfüllenden Diskussion ausarten. Ich wünsche Ihnen viel Spaß dabei. Anschließend begrüße ich Sie in der nächsten Runde …

Runde 46 – Mit Twitter im Web zwitschern

Was früher die Spatzen von den Dächern pfiffen, wird heute immer öfter virtuell über Twitter bekannt gemacht. Hierbei handelt es sich um ein soziales Netzwerk, das es angemeldeten Benutzern ermöglicht, Bekannten, Freunden, Geschäftspartnern und Interessierten kurze Text-Nachrichten über den momentanen Status zukommen zu lassen. Anders als bei konventionellen E-Mails stehen Ihre Nachrichten nur den Benutzern zur Verfügung, die Ihr „Zwitschern im Web“ empfangen möchten. Gleichzeitig besitzen Sie die Kontrolle darüber, wer diese Nachrichten erhalten oder davon ausgeschlossen werden soll. Einer der Vorteile von Twitter besteht darin, dass Sie Ihre Freunde und Partner schnell und einfach über Neuigkeiten informieren können und natürlich auch selbst informiert werden. Die erhaltenen Mitteilungen werden übersichtlich dargestellt, sodass Sie schnell auf dem Laufenden sind, wer was, wann und wo gerade macht.

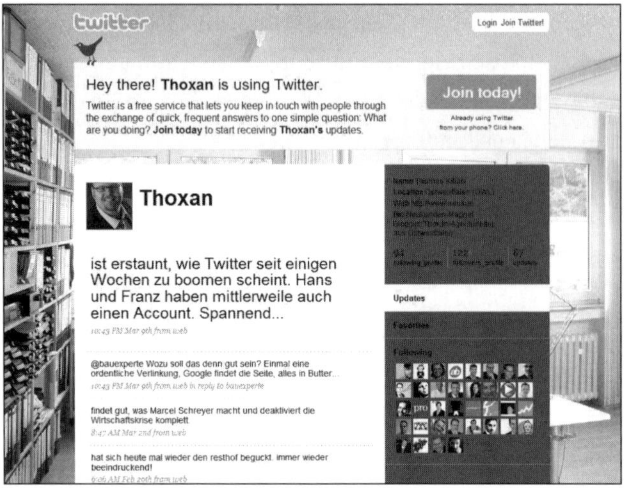

Abbildung 12:
Meinen Twitter-Account habe ich im Hintergrund mit einem Foto aus unserer Agentur verschönert. Hier können meinem Gezwitscher alle folgen, die sich dem Account anschließen.

Nach einer kurzen Anmeldung auf der Website (*http://twitter.com*) können Sie sofort loslegen. Um ein paar kleinen Verständnisproblemen vorzubeugen, möchte ich kurz auf die Terminologie bei Twitter eingehen: Ein wichtiger Unterschied besteht zwischen „following" und „followers"; letzteres zeigt all jene an, die Ihre Neuigkeiten empfangen. Ersteres gibt eine Übersicht aller Mitglieder, deren Gezwitscher Sie andächtig lauschen. Unter „Updates" schließlich befinden sich die Neuigkeiten von Ihnen oder Ihren Kontakten.

Interessant und auch weit verbreitet ist das „Zwitschern" im Web 2.0. Blogger und andere web-affine Zeitgenossen haben offensichtlich einen Hang dazu, sich ständig mitteilen zu müssen. Twitter ist eine gute Möglichkeit, automatisch einen bestimmten Personenkreis zu informieren. Ob Sie in diesen Wald hineinschallen mögen, hängt also auch ein wenig von Ihrer Web 2.0-Affinität ab.

Entscheidungshilfe – Ist Twitter das passende Kommunikationstool für mich?	
Ja/Nein	Verbringen Sie viel Zeit vor dem PC und können nebenbei leicht ein paar Kurznachrichten über Twitter verschicken?
Ja/Nein	Gibt es innerhalb derer, die sich in Twitter miteinander vernetzen, genügend Potenzial für Ihr Unternehmen?
Ja/Nein	Haben Sie regelmäßig relevante Informationen, die Sie auf anderen Kanälen ohnehin veröffentlichen?
Ja/Nein	Wollen Sie auch mit unkonventionellen Methoden neue Kundenkreise ansprechen?

Eines möchte ich Ihnen jedoch noch mit auf den Weg in die nächste Runde geben: Twitter eignet sich auch hervorragend dazu, neue Beiträge, Informationen über Projekte oder spezielle Produkte einem erlauchten Kreis, das heißt einer bestimmten Zielgruppe, vorzustellen. Zahlreiche Unternehmen haben sich einen Corporate Twitter-Feed eingerichtet und halten ihre virtuelle Gemeinschaft darüber auf dem Laufenden. Ähnlich wie bei einem E-Mail-Newsletter haben einige Twitterer bereits mehrere Tausend Follower, die sie mehrmals täglich mit mehr oder weniger informativen Nachrichten versorgen. Darunter sollten sich doch sicher auch einige potenzielle Kunden finden lassen, meinen Sie nicht?

Runde 47 – Favoriten online speichern und teilen

Um interessante Internetseiten wiederzufinden, nutzen viele die Möglichkeit, Favoriten in Webbrowsern zu speichern. Diese Funktion lässt sich aber mittlerweile noch einfacher und komfortabler, über sogenannte „Social Bookmarks" (Online-Lesezeichen) bedienen. Diese Internet-Plattformen ermöglichen es, Websites, Nachrichtenverteiler und weitere Dienste online zu speichern und mit anderen Nutzern zu teilen.

Vorteile dieser Anwendungen liegen vor allem in der Vielfalt der Möglichkeiten, Lesezeichen zu organisieren: Nach dem Login kann der Nutzer Bookmarks zu seiner persönlichen Liste hinzufügen, sie wieder löschen, kommentieren und mit Schlagwörtern („Tags") versehen. Darüber hinaus können Favoriten-Listen anderer User eingesehen oder nach Tags geordnet werden.

Neben zahlreichen englischsprachigen Anbietern sind in den vergangenen zwei bis drei Jahren auch deutsche Plattformen an den Start gegangen, mit denen man Lesezeichen verwalten kann. Gruppier-, Such- oder Netzwerkfunktionen sind in den meisten Fällen Teil des Angebots. Oft gibt es eine Startseite mit den zuletzt gesetzten Bookmarks und den beliebtesten Links aller Nutzer. Auch das Importieren von Lesezeichen ist häufig möglich.

Social Bookmarks erfreuen sich immer größerer Beliebtheit. Daher bieten viele Blogger kleine Icons zum Speichern des Seitenlinks unter den Artikeln an. Mit einem Klick kann der Leser diesen zu seinen Online-Favoriten hinzufügen. Ein Eintrag in Verteilerlisten ist auf diese Weise ebenfalls bequem möglich.

Nicht zuletzt sind Social Bookmarking-Plattformen unter Gesichtspunkten der Suchmaschinen-Optimierung zu empfehlen. Melden Sie die verschiedenen Internetadressen Ihres Unternehmens auf diesen Seiten an. Lassen Sie auch Ihre Mitarbeiter eigene Benutzerkonten bei diesen Diensten einrichten und verschlagworten Sie die Einträge systematisch und sinnvoll. Durch die hervorragenden Positionen dieser Plattformen in Suchmaschinen können Sie für aussagekräftige Suchbegriffe leicht auf vordere Ränge kommen, ohne dass Sie sich groß dafür anstrengen müssten.

Die Liste der Anbieter ist freilich recht lang, deshalb möchte ich Ihnen eine Auswahl derjenigen Bookmarking-Dienste wiedergeben, die ich im Laufe der Zeit kennen und schätzen gelernt habe:

YiGG.de. Ein Nachrichtenverteiler, der es seinen Nutzern ermöglicht, interessante Links, selbst verfasste Artikel und Videos einzustellen und so mit anderen zu teilen. (*http://www.yigg.de*)

Google Bookmarks. Diese Anwendung bietet die Möglichkeit, Social Bookmarks zu kommentieren und zu hinterlegen. (*http://www.google.com/bookmarks*)

Mister Wong. Eine der größten deutschsprachigen Webanwendungen für Soziale Lesezeichen. Hier kann man interessante Links sowohl mit der Community teilen als auch als privat markieren. (*http://www.mister-wong.de*)

Linkarena. Eine weitere Webanwendung für Online-Favoriten, die alle Standards bietet. (*http://www.linkarena.de*)

digg.com. Bei digg.com handelt es sich um einen Nachrichtenverteiler. Er erlaubt es, interessante Neuigkeiten zu entdecken und weiterzuverbreiten. (*http://www.digg.com*)

delicious. Delicious ermöglicht dem Benutzer, seine Sammlung von Lesezeichen mit Tags zu versehen, mit anderen zu teilen und neue Seiten zu entdecken. (*http://delicious.com*)

Technorati Favorites. Diese Anwendung bietet leichten Zugang zu allen Online Favoriten. Zusätzlich zum Bookmarking bietet Technorati eine erweiterte Suchfunktionalität für Weblogs. (*http://technorati.com/faves*)

Runde 48 – Ein Podcast bringt Marketing auf die Ohren

Mit Podcasts bringen Sie Informationen über Ihr Unternehmen in den Gehörgang Ihrer potenziellen Kunden. Podcasts sind Medienbeiträge, die von sogenannten „Podcastern" produziert werden, aber mittlerweile auch von professionellen Unternehmen für eine spezifische Zielgruppe maßgeschneidert werden. Diese Beiträge werden zumeist als Audio-, aber auch als Videodateien („Videocasts") über das Internet verbreitet.

Das Wort „Podcasting" setzt sich aus den Wörtern „iPod", dem MP3-Player der Firma Apple, und „Broadcasting" (dt. „Radiosendung") zusammen. Es wurde 2004 von Ben Hammersley geprägt. Als Erfinder gelten jedoch Tristan Louis, der im Jahr 2000 die Idee zum Podcasting hatte, und Dave Winer, der als erster solch einen Medienbeitrag umsetzte. In der Regel sind Podcasts kostenlos und werden in fortlaufenden Episoden angeboten.

Podcasts können ganz einfach über eine spezielle Software, einen sogenannten „Podcatcher", bezogen werden. Sie sorgt dafür, dass die jeweils aktuelle Folge automatisch abgerufen wird. Dafür bieten die meisten Podcast-Websites spezielle RSS-Feeds an (siehe Runde 39). Populärste Software zum Abrufen von Podcasts ist sicher iTunes von Apple, die hauptsächlich zur Verwaltung von Musik genutzt wird und einen automatischen Abgleich der Dateien mit einem MP3-Player herstellt. So können Sie auf dem Weg zur Arbeit oder beim Joggen ganz nach Lust und Laune Ihre abonnierten Podcasts hören.

Einige Podcaster erstellen ihre Beiträge nur als Hobby. Unternehmen können die Audioclips aber auch zur Kundengewinnung produzieren. In der Regel ist ein Podcast so etwas wie eine „Hörspiel-Serie", die zur Unterhaltung gedacht ist. Sie soll das Interesse der Kunden wecken und auf das Unternehmen aufmerksam machen. Es können aber auch fachliche oder Werbe-Informationen in den Podcast einfließen.

Des Weiteren stellt ein Podcast eine Referenz für ein Unternehmen dar. Er zeigt, dass Sie mit der Zeit gehen und (vor allem junge) Kunden in ihrer Alltagswelt ansprechen. Oder läuft heute nicht fast jeder Jugendliche mit „Knöpfen" im Ohr durch die Gegend?

Auch unsere Agentur hat das Podcasting als Mittel zur Neukunden-Akquise entdeckt. Im „Werbedschungel-Podcast" hören Sie spannende Geschichten von den Maya-Kriegern Manik und Ahau und lernen gleichzeitig Strategien aus Marketing und Neuen Medien kennen (*http://www.werbedschungel-podcast.de*). Und im Neukunden-Podcast gibt es Interviews mit Fachleuten aus der bunten Werbewelt, bei denen Sie ebenfalls aktuelle Informationen zu diesen Themen erhalten (*http://www.neukunden-podcast.de*).

Runde 49 – Podcasts promoten und Reichweite generieren

Jetzt ist das Audioangebot Ihres Unternehmens online. Schön und gut. Doch wer lädt sich die MP3-Dateien jetzt herunter? Woher weiß Ihre Zielgruppe, dass Sie einen Podcast gestartet haben? Produktion und Veröffentlichung sind nur die halbe Miete. Lassen Sie uns in diesem Kapitel über die Verbreitung oder zu Neudeutsch „Promotion" Ihres Podcasts sprechen.

Die wichtigste Grundvoraussetzung besteht darin, auf Ihrer Website einen deutlichen Hinweis auf Ihren Podcast anzubringen. Bei vielen Unternehmen verschwindet der Link zum Audiojournal irgendwo im Bereich Service in einem Untermenü. Doch wenn Sie andere begeistern wollen, die MP3-Dateien anzuhören, müssen Sie den Service wie jedes neue Produkt oder Angebot kräftig bewerben. Eine aussagekräftige Grafik („Eyecatcher") mit einem flotten Slogan sorgt auf der Startseite für überraschte Gesichter und lässt die Klickrate in Richtung Podcast deutlich steigen.

Spezielle Podcast-Verzeichnisse bieten eine – zumeist kostenlose – Möglichkeit, seinen Podcast zu bewerben. Hier tragen Sie den Namen des Podcasts sowie die Adresse zum RSS-Feed des Angebots ein und fügen eine aussagekräftige Beschreibung und einige Schlüsselbegriffe hinzu, unter denen der Podcast gefunden werden soll. Einige Anbieter ermöglichen sogar, eine Grafik (Cover) und Detailinformationen für jede Folge mit einzubinden. Wer in einem Podcast-Verzeichnis nach passenden Schlüsselbegriffen („Rezepte", „Marketing" oder „Garten") sucht, sollte dann auch Ihren Podcast finden. Testen Sie es nach einigen Tagen einmal selbst, ob der Eintrag erfolgreich war.

Eines der wichtigsten Podcast-Verzeichnisse ist iTunes von Apple. Viele Besitzer von MP3-Playern arbeiten mit dieser Software, um ihre Musik und ihre Podcasts zu verwalten. Ein integrierter Online-Shop ermöglicht es den Usern, weitere Musik oder kostenpflichtige Produkte über den Apple-Store einzukaufen. Eine Anmeldung Ihres Podcasts bei iTunes ist für viele Hörer eine wichtige Voraussetzung, um den Podcast einfach und bequem abonnieren zu können.

Nun haben Sie auf Ihrer Website einen deutlichen Link platziert, den Podcast in wichtigen Verzeichnissen und bei iTunes eingetragen – und dennoch wird Ihr Angebot noch immer nicht von allen Seiten bestürmt. Kommen wir zurück zum Thema „Suchmaschinen-Optimierung". Wie Sie ja bereits wissen, können Suchmaschinen keine Bilder und keine Video-Sequenzen auslesen. Ganz ähnlich verhält es sich mit Audio-Beiträgen und MP3-Dateien. Je nach dem, auf welche Weise Sie Ihren Podcast präsentieren, haben Suchende vielleicht gar nicht die Möglichkeit, Ihren Podcast zu finden. Sie müssen Kernaussagen und wichtige Schlüsselbegriffe aus der Audiodatei verschriftlichen und auf einer suchmaschinenoptimierten Internetseite veröffentlichen, auf der dann auch die MP3-Datei zu finden ist. Dadurch sorgen Sie dafür, dass weitere Interessenten auf Ihren Service stoßen.

Eine weitere Möglichkeit der Promotion eines Podcasts besteht darin, sich mit anderen Podcastern zu vernetzen und die Hörer des jeweiligen Podcasts – etwa durch gegenseitige Interviews – auf sich aufmerksam zu machen. Durch diese „überkreuzte" Form der Promotion schlagen Sie zwei Fliegen mit einer Klappe: Sie intensivieren die Beziehung zu einem Kollegen aus der Branche und gewinnen gleichzeitig neue Hörer. Es ist eine absolute Win-Win-Situation, weil ja auch Ihr Gegenüber den gleichen Gewinn aus der Zusammenarbeit zieht. Allerdings sollten Sie darauf achten, dass Ihre Podcasts inhaltlich und qualitativ miteinander harmonieren, sonst kann der Versuch der Hörergewinnung auch nach hinten losgehen und Sie wertvolle Abonnenten kosten.

Runde 50 – Mit Videocasts alle Sinne ansprechen

Ähnlich wie Audio-Podcasts erfreuen sich auch Videocasts (auch „Vodcast"/ „Video Podcast") zunehmender Beliebtheit. Es handelt sich dabei ebenfalls um eine Serie von kurzen Medienbeiträgen, die nicht nur akustisch, sondern auch visuell die Zuschauer erreichen. Diese Videoclips können auf tragbaren Abspielgeräten (MP3-Player mit Videofunktion) oder im Internet abgerufen werden. Dadurch wird eine hohe Verlinkung und Mund-zu-Mund-Propaganda ermöglicht.

Solche Videoserien werden von Videocastern ebenfalls wie bei Audioformaten zumeist laienhaft aufgenommen und über die eigene Internetseite veröffentlicht. Doch es gibt auch viele semiprofessionelle oder von großen Unternehmen zur Verfügung gestellte, aufwendig produzierte Inhalte. Zunehmend stehen auch Fernsehserien oder bekanntere Unterhaltungsformate als Videocast zur Verfügung. Bekanntes Beispiel ist der Videocast von Horst Schlämmer aus dem Jahr 2007.

Der Alias von Hape Kerkeling tauchte damals unvermittelt im „Schlämmerblog" mit eigenen Video- und Textbeiträgen auf und dokumentierte, wie er seinen Führerschein macht. Viele Blogger vermuteten damals eine Werbemaßnahme eines großen Unternehmens und verbreiteten durch ihre Nachrichten die Inhalte des Videocasts. Sie hatten in der Tat Recht: Volkswagen hatte die Folgen produzieren lassen, um prominent auf den VW Golf hinzuweisen (das Fahrschul-Auto). Immer wieder betonte Schlämmer, wie gut das Fahrzeug verarbeitet sei. Doch erst nach einigen Folgen löste er das Rätsel auf und konnte dadurch noch einmal eine Welle von Artikeln und Berichten hervorrufen.

Interessant ist in diesem Zusammenhang die Verbindung von Videobeiträgen, Online-PR und anderen Werbemaßnahmen, die sich gegenseitig befruchtet und verstärkt haben. So wurde über die Videoserie mit nur fünfzehn Folgen (andere Videocasts warten immerhin mit einigen hundert Folgen auf ...) so viel geschrieben, dass Volkswagen mit dieser Maßnahme ein Vielfaches von dem Ergebnis dessen erreicht hat, was das Unternehmen normalerweise an Werbebudget für einen einzigen TV-Spot rauspulvert.

Was die Goliaths können, das sollten die Davids mit etwas Geschick doch auch erreichen. So entschieden auch wir uns als Agentur, einen Videocast zu produzieren. Zehn Folgen mit „praktischen Tipps, um ein Neukunden-Magnet zu werden" haben wir im Frühjahr 2007 aufgenommen, geschnitten und nachbearbeitet. Im darauf folgenden Sommer habe ich dann alle zehn Tage eine neue Folge des Videocasts veröffentlicht.

Die Aufnahmen fanden vor einem sogenannten „Greenscreen" statt (der „Bluescreen" ist ja aus dem Fernsehen bekannt). Der grüne Vorhang-Stoff wurde in der Postproduktion dann durch einen digital erzeugten Hintergrund ersetzt. Zahlreiche Effekte, kleine Späße und Animationen sorgen dafür, dass die Folgen trotz der Informationsfülle unterhaltsam sind. Im

Fachjargon sprechen die Medienprofis vom „Infotainment", einer Mischung aus Informationen und Entertainment (Unterhaltung). Viele tausend Abrufe der Videobeiträge, Rückmeldungen von unseren Fans und Reaktionen neuer Kunden zeigen uns, dass dieses Experiment gelungen ist und ja auch nach wie vor zur Verfügung steht.

Ein besonderer Aspekt liegt bei Videocasts sicher (noch) darin, dass sie sehr innovativ sind. Wer mit solchen Mitteln werblich zu Werke geht, erzeugt Aufmerksamkeit. Dabei sind die Kosten für die Produktion und Verbreitung eines solchen Videocasts wesentlich geringer als bei herkömmlichen Werbemaßnahmen (zum Beispiel Kinowerbung, regelmäßige Anzeigen in Tageszeitungen oder Fachzeitschriften etc.).

Einen weiteren Vorteil bieten die Videoclips dadurch, dass sie auf zahlreichen Websites eingebunden werden können. Wir haben für die Videocast-Serie mit zehn Folgen und zwei Bonusclips eine eigenständige Seite eingerichtet (*http://www.neukunden-videocast.de*), sie auf unserem Agentur-Weblog veröffentlicht, auf unserer Agentur-Website eingebunden und zusätzlich auf der Videoplattform *sevenload* einen eigenen Kanal angelegt, bei dem die Videos sehr prominent vorgestellt werden. So ermöglichen wir unseren Besuchern, die Clips auf verschiedenen Internetseiten anzusehen, ohne dass die Einrichtung besonders aufwendig gewesen wäre. Der Videoanbieter stellt den Speicherplatz und einen Programmiercode zur Verfügung, den wir einfach in unserer Website eingefügt haben. Sekunden später erscheint das Video auf der Seite.

So einfach wie wir selbst die Videos einbinden konnten, so einfach lassen sie sich auch von anderen Webmastern in ihre Websites integrieren. Es ist ja gerade das Ziel, dass sich gut gemachte Clips über das Internet verbreiten. Die Technik bietet längst die Voraussetzung dafür; jetzt kommt es auf die Inhalte an, die so gut gemacht sein müssen, dass andere Nutzer einen Sinn darin sehen, die Videos zu empfehlen. Ähnlich wie bei den Backlinks müssen Sie Anreize schaffen, die eine automatische Verbreitung ermöglichen.

Runde 51 – Videos auf der eigenen Website

Wenn ein Bild mehr sagt als 1.000 Worte, dann müssen bewegte Bilder wirklich Quasselstrippen sein. Auch wenn vieles an ihnen „wie im Film" vorbeirauschen mag, so erregen diese kurzen Videos in der Tat die Aufmerksamkeit Ihrer Besucher. Eine Zeit, die Sie nutzen können, um von den Vorzügen Ihres Unternehmens zu erzählen. Aber Vorsicht – seien Sie nicht aufdringlich oder allzu reißerisch. Nutzen Sie das bewegte Bild, um Vertrauen zu erwecken und durch das Angebot auf Ihrer Website zu navigieren.

In der heutigen Zeit sind Firmen und ihre Dienstleistungen oder Produkte sehr leicht miteinander zu vergleichen. Vor allem das Internet bietet Recherchemöglichkeiten, die es vor einigen Jahren in dieser Form noch nicht gegeben hat. Image- oder Werbefilme sind ebenso wie Videocasts, die wir in der vorigen Runde kennengelernt haben, eine ausgezeichnete Möglichkeit, Ihre Besucher an die Website zu binden. Ein professionelles Vorgehen sowie ein informatives, seriöses oder witziges „Drehbuch" sind hier jedoch Grundvoraussetzung. Ansonsten haben Sie das investierte Budget schnell in den Sand gesetzt bzw. auf Ihrem Spießrutenlauf im Steckrübenfeld verloren.

Wichtig ist beim Einsatz von Videos im Internet, nicht mit der Tür ins Haus zu fallen, sondern den Besucher abzuholen. Für viele Besucher ist es besonders wichtig, selbst zu entscheiden, ob sie ein Video starten möchten oder nicht. Ich persönlich kann es auch nicht leiden, wenn bei jedem Aufruf der Startseite ein Clip mit lauter Musik gestartet wird. Ein auffälliger Abspiel-Knopf lässt den Besucher selbst die Entscheidung treffen, ob er den Film zum jetzigen Zeitpunkt ansehen möchte oder nicht.

Entscheidungshilfe – Videos auf der eigenen Website?

Vorteile	Mögliche Nachteile
Filme sprechen Emotionen an und machen das Unternehmen „anfassbar"	Für einen professionellen Werbefilm sind vergleichsweise hohe Investitionen nötig
Besitzen hohe Glaubwürdigkeit	Lange Vorbereitungs- und Produktionszeit
Kernaussagen werden schnell aufgegriffen	Der Aufwand lohnt sich vielleicht nicht, wenn Videos nur im Internet eingesetzt werden
Sieht innovativ, modern und kundenfreundlich aus	
Wertet das Unternehmen auf (Professionalität!)	

Bewegte Bilder bieten gegenüber anderen Werbeformen deutliche Vorteile. Filme sprechen Emotionen an und sorgen dadurch für eine viel tiefere Wahrnehmung als wenn die Botschaft nur textlich oder akustisch übermittelt würde. Durch die vermeintliche Abbildung der Realität haben Filme eine hohe Glaubwürdigkeit. Gleichzeitig sprechen sie alle Sinne an und führen dadurch zu einer ganzheitlichen Wahrnehmung. Aktuelle Studien belegen, dass die Quote an Rückmeldungen beim Einsatz von Filmen bei durchschnittlich 25 Prozent liegt. Das heißt, jeder vierte Interessent, der einen Film angeschaut hat, reagiert in Form einer Kontaktaufnahme. Das sind Traumwerte für die Werbung.

Mit einem professionellen Film hebt sich ein Unternehmen deutlich vom Wettbewerb ab. Er bietet die Möglichkeit, das Unternehmen persönlicher zu präsentieren und damit einen nachhaltigen und positiven Eindruck zu hinterlassen. Insgesamt sorgt ein Imagefilm dafür, dass Sie und Ihr Unternehmen erlebbar und anfassbar werden. So können sich potenzielle Kunden schon einen Eindruck verschaffen, ohne einen Termin vereinbart zu haben. Das spart Zeit und Nerven – in manchen Fällen auch Ihre!

Auf der Tonspur eines Films werden wesentliche Informationen übertragen, die den Eindruck noch verstärken. Haben Sie schon einmal einen Krimi ohne Ton angeschaut? Absolut langweilig! Nutzen Sie deshalb Musik, Geräusche und eine angenehme (professionelle!) Sprecherstimme, um auch akustisch zu überzeugen. Eine lebendige Bildsprache, abwechslungsreiche Kameraeinstellungen und gute Ideen sorgen ebenfalls für Unterhaltung. Filme sollen schließlich auch Spaß machen.

Neue Techniken bieten die Möglichkeit, Videos und Filmclips online darzustellen, ohne zusätzliche Programme zu installieren, Dateien herunterzuladen oder Einstellungen am Computer zu verändern. Die eingebundenen Videoplayer (meist Flash) zeigen das Video einfach an und bieten dank der Streaming-Technologie auch denjenigen, die keinen Breitband-Anschluss haben, ein einigermaßen ruckelfreies Zuschauer-Erlebnis.

Was früher also aufgrund der technischen Hürden wenig empfehlenswert war (und deshalb auch heute noch zum Teil mit Skepsis betrachtet wird), kann Ihnen wertvolle Dienste leisten, um Neukunden zu gewinnen. Ich erhalte von jedem neuen Kunden, den wir über das Internet gewonnen haben, die Rückmeldung: „Ich habe mir auch Ihren Film auf der Website angesehen!"

Wenn Sie das Buch einmal kurz beiseitelegen möchten, schauen Sie unter www.Thoxan.com doch selbst mal hinein und verschaffen Sie sich einen Eindruck, wie ich live und in Farbe rüberkomme. So ein Imagefilm transportiert anscheinend eine Menge Vertrauenswürdigkeit: Wir wurden schon einige Male von Unternehmern beauftragt, die mich noch nie persönlich getroffen haben.

Ein Imagefilm kann aber noch mehr. Sie sind ja nicht nur an Ihre Website gebunden. Natürlich lässt sich der Clip auch problemlos anderweitig einsetzen, etwa auf anderen Internetportalen, auf Messen oder Veranstaltungen. Sie können den Film auf DVD brennen lassen und mit Ihrer Werbebroschüre verteilen, die Sequenz auf einem Bildschirm in der Empfangshalle oder im Ladengeschäft abspielen, um Ihre Besucher zu begeistern, oder dazu nutzen, neue Mitarbeiter über Ihr Unternehmen zu informieren.

Wir haben jetzt viel von Videocasts, Imagefilmen und Werbeclips gehört. Doch bewegte Bilder im Internet lassen sich auch noch in anderer Form verwenden: Zunehmender Beliebtheit erfreuen sich moderierte Websites. Hier werden Sie von einer Person begrüßt und durch die Seiten geführt. Anbieter wie yaoti stellen solche Dienste zur Verfügung. Aber ähnlich wie bei unserer Videocast-Aufnahme vor dem Greenscreen können Sie solche Sequenzen auch selbst erzeugen. Wichtig dabei ist, dass Sie Ihre Besucher nicht nerven und keine allzu langen Monologe halten. Nutzen Sie diese Form der Besucherführung, um Spannung zu erzeugen und geschickt zu unterhalten. Sie werden sehen, dass sich der Einsatz solcher Animationen in Weiterempfehlungen und zufriedenen Besuchern auszahlt.

Runde 52 – Videoplattformen sorgen für mehr Reichweite

Wer an Videos im Internet denkt, dem fällt sicher zu allererst das Portal YouTube (*http://www.youtube.com*) ein. Aber auch andere Anbieter (siehe Infobox) erfreuen sich wachsender Beliebtheit. Der Markt für diese Anbieter kostenloser Videos ist mittlerweile wirklich gigantisch geworden – ein Ende ist noch lange nicht in Sicht. Nicht wenige gehen sogar davon aus, dass YouTube & Co. unsere Medienwahrnehmung und speziell das Fernsehverhalten nachhaltig verändern werden.

Ein wesentliches Merkmal von Videoplattformen besteht darin, dass jeder angemeldete Nutzer eigenständig Bild- und Tonmaterial veröffentlichen kann. In der Musikbranche wurden so bereits einige ambitionierte Hobby-Musiker zu internationalen Stars. Beispielsweise stürmte die Münchener Teenagerin Mina dank MyVideo mit dem Song „How the angels fly" im Jahre 2007 die deutschen Charts. International ließe sich die Liste erfolgreicher Künstler noch um einiges erweitern.

Populäre Videoplattformen im Internet	
Clipfish	http://www.clipfish.de
Dailymotion	http://www.dailymotion.com
Google Video	http://video.google.de
MyVideo	http://www.myvideo.de
sevenload	http://www.sevenload.de
Vimeo	http://www.vimeo.com
YouTube	http://www.youtube.com

Der Grund, warum Videoplattformen so beliebt sind, besteht unter anderem in der Freiheit, sich individuell passende Angebote anschauen zu können. Keiner diktiert mir, was ich etwa am Montag um 20:15 Uhr zu sehen habe. Ein anderer, jedoch äußerst wichtiger Aspekt liegt in den vielfältigen Möglichkeiten, sich mit anderen über die angeschauten Inhalte auszutauschen. Der Schneeball-Effekt führt schließlich häufig dazu, dass bestimmte Inhalte immer beliebter werden. Die Videos lassen sich per E-Mail weiterempfehlen und mit wenigen Mausklicks und ohne Programmierkenntnisse in die eigene Website integrieren. Dadurch stehen sie nicht nur auf der Videoplattform selbst, sondern auch auf vielen weiteren Internetseiten zur Verfügung.

Videoplattformen lassen sich in diesem Sinne auch dazu verwenden, neue Kunden zu gewinnen und an sich zu binden. Sie kennen das vielleicht aus der TV-Werbung, in der Sie den einen oder anderen Spot gerne auch öfters sehen, die meisten aber am liebsten aus dem laufenden Programm verbannen würden. Tatsächlich haben viele Nutzer Spaß daran, sich über neue, innovative Werbe-Spots auszutauschen. Je größer der Austausch, desto bekannter werden Sie. Grundlage für einen derartigen Erfolg ist jedoch eine pfiffige Werbe-Idee (wie doch wohl bei jeder Werbemaßnahme).

Persönlich empfehlen möchte ich die Videoplattform *sevenload* (http://www.sevenload.com). Dieser Anbieter aus Köln ermöglicht ganz besondere Maßnahmen, sich per Videobotschaft im Internet bekannt zu machen. Unser Neukunden-Videocast wurde auf dieser Plattform bereits viele tausend Male angeklickt. Dazu hatte sevenload für uns einen eigenen Kanal eingerichtet und stellt die Videos auch in Zeitschriften-Anzeigen vor. So kommen wir in den Genuss einer kostenfreien Werbung, die andernfalls in einem so reichweitenstarken Medium für uns nicht finanzierbar gewesen wäre. Sevenload hingegen freut sich, seinen Besuchern gute Inhalte präsentieren zu können. Eine echte Win-Win-Situation. Übrigens befinden Sie sich bei sevenload in illustrer Gesellschaft: TV Spielfilm, T-Online sowie das Nachrichten-Magazin Focus gehören zu dem erlauchten Kreis meiner Videocast-Kollegen.

Videoplattformen haben einen immensen Einfluss auf (vor allem jüngere) Zielgruppen gewonnen, zumindest auf einen beträchtlichen Teil der Netzgesellschaft. Firmen haben auf diese Weise die Möglichkeit, sich mit etwas Glück und Ideenreichtum schnell einer breiteren Öffentlichkeit bekannt zu machen. In Runde 62 („Maus-zu-Maus-Propaganda“) werde ich Ihnen noch mehr über virales Marketing erzählen – Werbemaßnahmen auf Videoplattformen sind bereits ein erstes, gutes Beispiel dafür.

Checkliste „Neukunden-Gewinnung im Web 2.0"

	Fragen	Ja	Nein	Notizen
1.	Haben Sie bereits einen guten Eindruck gewonnen, wie Funktionen des „Web 2.0" das Internet revolutioniert haben?			
2.	Bekommen Sie schon Lust darauf, ein aktives Mitglied der Blogger-Gemeinschaft zu sein, um so Kunden für sich zu gewinnen?			
3.	Fühlen Sie sich stark und kompetent genug, um mit Usern und Kunden aktiv im Internet zu kommunizieren?			
4.	Kennen Sie die Vorteile von RSS-Feeds und das Prinzip, nach dem sie funktionieren?			
5.	Fühlen Sie sich mit Ihrem Weblog von Suchmaschinen bereits ausreichend verehrt und geliebt?			
6.	Haben Sie bereits den Content, mit dem Sie im Internet zum King geworden sind?			
7.	Möchten Sie neben dem Karneval in Köln auch gerne einmal den Blog-Karneval erleben?			
8.	Möchten Sie in anderen Weblogs lieber ein bunter Hund sein als eine graue, anonyme Maus?			
9.	Haben Sie bereits mit Twitter „gezwitschert" oder sich in bewegten Bildern präsentiert?			
10.	Haben Sie schon darüber nachgedacht, wie Sie bestimmte Nutzer (eine „Crowd") gezielt in Ihr Marketing-Konzept integrieren können?			
11.	Wissen Sie bereits, wie Sie die multimedialen Möglichkeiten des Internets zur Neukunden-Gewinnung nutzen?			
12.	Podcasts, Videocasts und andere Medienbeiträge sind kein Fremdwort mehr für Sie?			
13.	Haben Sie die Nutzungsmöglichkeiten von Videos auf Ihrer Website oder in Videoplattformen bereits ausgereizt?			
14.	Erzielen Sie durch diese Formate bereits eine beachtliche Reichweite?			

8. Lockeres Auslaufen (Runde 53 bis 62) – Social Media und Reputationsmanagement

Leider kann ich nicht beurteilen, ob Sie in Ihrer Branche zu den Besten gehören. Auch wenn wir über den Igel-Faktor in gewisser Weise miteinander kommunizieren, so ist die Information, die ich von Ihnen als Leser erhalten habe, doch mehr als dürftig. Immerhin sind Sie bis zu diesem Kapitel vorgedrungen. Das freut mich natürlich. Sie scheinen wirklich Interesse daran zu haben, neue Kunden über das Internet zu gewinnen. Und anscheinend finden Sie, was Sie gesucht haben; sonst hätten Sie das Buch längst ins Regal gestellt.

Vielleicht haben Sie sich über mich bereits im Internet informiert: Wer ist schließlich Thomas Kilian? In diesem Fall werden Sie festgestellt haben, dass eine Vielzahl an Informationen über mich und meine Tätigkeit als Agenturleiter online verfügbar sind. Schließlich muss ich meinen (potenziellen) Kunden – also auch Ihnen – zeigen, was ich für ein Angebot habe.

Aber genug von mir – wie sieht es eigentlich mit Ihnen aus? Wenn Sie, wie ich doch stark vermute, ein seriöser und professioneller Unternehmer sind, dann sollten Sie der großen weiten Welt des Internets auch mitteilen, was wirklich in Ihnen steckt! Ihre „digitale Reputation" hilft Ihnen, Vertrauen zu erwecken und so leichter neue Kunden zu gewinnen. Insofern sind „Social Media" und „Reputationsmanagement" eigentlich keine ganz neuen Marketing-Begriffe. Jeder Unternehmer macht es seit Jahren: Rechtsanwälte werden Mitglieder in Tennisclubs, Heimatvereinen und Wirtschaftsverbänden. Dort unter den Vereinsmitgliedern finden Sie auf indirektem Wege Kunden. Dienstleister halten Vorträge auf Tagungen von Branchenverbänden. Warum? Weil sie dort interessante Kunden kennenlernen können, und zwar ganz persönlich. Nichts anderes passiert heute jeden Tag im Internet auf sogenannten Social Media-Plattformen. Die bekanntesten sind sicherlich XING, Facebook und LinkedIn. Doch auch so manches Weblog mit einer großen Leserschaft und einem regen Austausch in den Kommentaren lässt sich mit dazuzählen.

Durch Arbeitsproben, Fachartikel oder konkrete, das heißt persönliche Hilfestellung werden Sie schnell als Fachmann bekannt. Mit einem ausgewogenen Reputationsmanagement können Sie genau die Zielgruppen erreichen, die Sie von Ihrem Können überzeugen möchten. In den nun folgenden Runden zeige ich Ihnen, wie Sie das Internet dazu nutzen, sich einen positiven Ruf aufzubauen oder diesen wiederherzustellen.

Entscheidungshilfe – Wie viel digitale Reputation brauchen Sie?

Tragen Sie sich in Expertenportalen ein, wenn ...	Pressedienste sind für Sie sinnvoll, wenn ...	Sie sollten Ihre Zeit in XING (und andere Social Communitys) investieren, wenn ...
... Sie sich als Fachmann für ein spezielles Thema etablieren möchten.	... es relevante Pressemeldungen aus Ihrem Unternehmen gibt, mit denen Sie Reichweite erzielen wollen.	... Sie Ihre Sichtbarkeit im Internet erhöhen wollen.
... Sie auf Anfragen zu Ihrem Themengebiet Antworten geben können und wollen.	... Sie neben der regionalen Presse auch bundesweite Verteiler erreichen möchten.	... Sie sich mit anderen Unternehmern virtuell vernetzen wollen.
... Sie auf Anfragen über das Internet zeitnah reagieren können.	... Sie mit kostenfreien Presseverteilern Ihr Budget für Werbung schonen wollen.	... Sie sich genügend Zeit für das Ausfüllen eines ansprechenden Profils sowie für ein professionelles Foto nehmen können.
... Sie Veröffentlichungen, Fachartikel und andere Publikationen einer breiten Masse zugänglich machen wollen.		... Sie in Gruppen/Foren mit anderen Menschen ins Gespräch kommen wollen.
		... Sie Veranstaltungen einfach promoten und über das Internet organisieren wollen.

Runde 53 – Digitale Reputation aufbauen

„Ist der Ruf erst ruiniert, lebt es sich ganz ungeniert." Sie kennen sicherlich dieses bekannte Sprichwort. Doch was so schön klingt, trifft im echten Leben leider höchst selten zu – erst recht nicht in der virtuellen Welt des Internets. Es ist kaum zu glauben, wie schwer es manchmal sein kann, eine unrechtmäßige Bewertung auf einem der Online-Portale wieder aus den Weiten des WWW entfernen zu lassen.

Stellen Sie sich nur vor: Ein negativer, ja böswilliger Artikel wird in Google urplötzlich auf Platz 1 aufgeführt, direkt vor Ihrem Online-Shop oder Ihrer Unternehmens-Website. Wer nach Ihnen sucht, stößt auf negative Inhalte. Ihr Ruf ist ruiniert. Nicht wenige Anwälte haben sich daher längst auf Rechtsfälle im Internet spezialisiert und bieten in solchen Situationen ihre Dienste an.

Klaus Eck, Experte in Sachen digitaler Reputation, zeigt einen anderen Ansatz auf. Er sieht den einzigen Ausweg zur Wiederherstellung des guten Rufs darin, das Internet mit positiven Nachrichten über Sie und Ihr Unternehmen zu „fluten". Nur wer gezielt dafür sorgt, dass positive Meldungen über ihn im Internet zu finden sind, kann sich gegen negative Stimmen zur Wehr setzen.

Zeigen Sie Präsenz mit einem aussagekräftigen Profil in sogenannten „Social Networking-Plattformen" wie *XING, MySpace, MeinVZ, Facebook, LinkedIn, Lokalisten* oder *Wer kennt wen?* Steigern Sie Ihre digitale Reputation dadurch, dass Sie in wirklich allen gängigen Medien zu finden sind. So wie die beiden Igel immer rufen: „Ich bin schon da!", wenn der Hase ein ums andere Mal über das Steckrübenfeld hetzt, können auch Sie bereits überall dort auftauchen, wo Interessenten nach Ihnen und Ihren Angeboten suchen.

Wichtigste Grundlage eines solchen Eintrags ist ein aussagekräftiges Profil, um sich einen fundierten Geschäfts- und Freundeskreis aufzubauen. Dadurch schlagen Sie zwei Fliegen mit einer Klappe: Zum einen machen Sie Ihre Kontakt- und Unternehmensdaten sofort einer riesigen Community zugänglich. Zum anderen sehen potenzielle Kunden, für wen und mit wem Sie bereits erfolgreich zusammengearbeitet haben.

Das Prinzip von XING ist also ganz einfach: „Wer kennt wen?" Vergleichbar ist diese Form des Social Networking sicherlich mit der sogenannten Vetternwirtschaft – mit dem Unterschied, dass Sie auf einmal ganz viele Cousins und Cousinen haben, die auch noch die gewünschten Qualifikationen besitzen.

Mitarbeiter, Kunden, Partner – für Sie ist es entscheidend, die in Social Networks verfügbaren Ressourcen gezielt auszuwählen und für sich zu nutzen. Durch ein gutes soziales Umfeld machen Sie sich schnell beliebt. Ihre digitale Reputation steigern Sie schließlich, indem Sie immer weiter empfohlen werden. Schnell ist Ihr soziales Netzwerk so dicht, dass Sie immer häufiger rufen: „Ich bin schon da!"

Welche Möglichkeiten es zum gezielten Aufbau einer positiven digitalen Reputation gibt, lesen Sie in den folgenden Runden.

Interview mit Klaus Eck

Interview mit Klaus Eck, PR-Blogger und führender Experte für digitale Reputation

„Ist der Ruf erst ruiniert, lebt es sich ganz ungeniert." – Klaus, wie kommt es überhaupt zu einer negativen Reputation?

Zum einen sicherlich durch eigene Taten und durch Behauptungen anderer. Im Web kann jeder sehr schnell seinen guten Ruf verlieren, wenn Medien oder Blogs negativ berichten. Wer sich im Netz oder auch offline zudem intolerant verhält oder einen privaten oder beruflichen Fehler begeht, muss damit rechnen, dass alles irgendwann auch digital verfügbar ist. Je mehr jemand in der Öffentlichkeit steht und meinungsstark ist, desto eher muss er auch mit Reaktionen rechnen. Hinzu kommt das Faktum, das Google nichts vergisst. Unser Leben wird immer umfassender im Netz abgebildet und somit kommen auch Schattenseiten unserer Existenz zum Tragen.

Welche Möglichkeit gibt es für mich, meinen guten Ruf im Internet wiederherzustellen?

Niemand sollte sich einfach zurücklehnen und abwarten. Mikado spielen gilt nicht mehr. Wer sich nicht bewegt und selbst in den Social Networks, in Blogs und auch sonst im Web unterwegs ist, wird schnell zum Spielball der Online-Medien. Besser ist es, aktiv Online-Profile anzulegen und das eigene soziale Netzwerk auszubauen. Darüber hinaus hilft aktueller Content in einem Weblog sehr dabei, die negativen Themen in den Hintergrund zu drängen. Löschen lassen sich viele Inhalte im Internet gar nicht mehr.

Was sind die Top 3-Tipps zum Aufbau einer digitalen Reputation?

1. Richten Sie als erstes einen Google Alert (http://www.google.de/alerts) ein, damit Sie genau wissen, wer über Sie berichtet hat, und schauen Sie sich regelmäßig die Ergebnisse des Ego-Googelns an, damit Sie rechtzeitig reagieren können.
2. Gehen Sie aktiv in verschiedene Social Networks wie XING und Facebook hinein und vernetzen Sie sich mit denjenigen, mit denen Sie auch sonst beruflich und privat zu tun haben. Es geht hierbei nie um Freundschaft, sondern um schnelle Erreichbarkeit. Ein gutes Netzwerk schützt Ihre Online-Reputation am besten.
3. Publizieren Sie so viel wie möglich in Blogs, auf Facebook oder Twitter, damit Sie mit aktuellen Inhalten Ihre Reputation positiv entwickeln können.

Im Herbst 2008 ist sein Buch „Karrierefalle Internet" erschienen, in dem sich Klaus Eck mit den Vor- und Nachteilen dieses Themas beschäftigt.

Runde 54 – Profilieren Sie sich in Expertenportalen

Wir alle kennen sie, die Lexika, Glossare und FAQs (Frequently Asked Questions). Expertenportale gehen im Wettlauf um die besten Plätze im Online-Marketing einige Sprünge weiter. Hier erhalten die User die Möglichkeit, ihre Fragen zu einem bestimmten Thema direkt an einen Experten zu stellen. Die Vorteile liegen auf der Hand: Auf diese Weise erstellen Sie stetig neue, individuelle Inhalte, die nicht nur Ihr Ranking in den Suchmaschinen verbessern, sondern die Nutzer direkt ansprechen (jeder bekommt genau die Informationen, nach denen er fragt).

Expertenportale stellen eine äußerst flexible Möglichkeit dar, Ihr Fachwissen online zu präsentieren und sogar auf gestellte Fragen die richtigen Antworten zu geben, um so für Ihr Online-Marketing ein paar Haken mehr zu schlagen. Als ein besonders gelungenes Beispiel möchte ich an dieser Stelle das Portal *Brainguide* anführen. Hier finden Sie Experten zu ganz unterschiedlichen Themen, die von IT und Management über Finanzen und Steuern bis hin zu Rechtsfragen reichen.

Bei *Wer weiß was?* geht es ebenfalls um Expertenrat – hier sogar ganz praktisch in Form eines Forums, wo jeder Fragen zu den unterschiedlichsten Themen stellen kann. Diese Plattform hat durch den Einsatz von rund 400.000 (!) Experten wirklich auf fast jede Frage eine Antwort parat.

Die wichtigsten Expertenportale im Internet

Brainguide	http://www.brainguide.de
Competence Site	http://www.competence-site.de
Wer weiß was?	http://www.wer-weiss-was.de
Viando	http://www.viando.de
VNR	http://www.vnr.de
XING	http://www.xing.com

Für Sie als Fachmann in Ihrem Metier bedeutet eine aktive Mitgliedschaft eine ausgezeichnete Möglichkeit, durch Ihr Profil und Ihre Beiträge auf sich und Ihre Kompetenzen aufmerksam zu machen. Mit jedem Expertenrat haben Sie nicht nur die Möglichkeit, den Bittsteller selbst als Kunden zu gewinnen, sondern auch weitere Leser dieses Beitrages von sich zu überzeugen. Diese können dann via E-Mail persönlich mit Ihnen in Kontakt treten. Gleichzeitig können Sie in einem Profil direkt angeben, welche Leistungen Sie anbieten und welche Kompetenzen Sie auszeichnen. Mit Brainguide steht Ihnen damit ein mächtiges Tool zur Verfügung, die eigenen Angebote mit (technisch) einfachen Mitteln auf einem Portal mit hohem Pagerank zu „bewerben".

Aus Sicht der Suchmaschinen ergeben sich aus dieser Form der Vermarktung im Internet keinerlei Risiken und Nebenwirkungen. Aber seien Sie auch hier auf der Hut: Wer mit reißerischen Mitteln ganz profan auf sich aufmerksam machen möchte und wie der Hase aus unserem Märchen einen auf „dicke Hose" macht, der zieht auf dem Spielfeld der Eitelkeiten häufig den Kürzeren. Machen Sie es wie der Igel, seien Sie schlau (mit wirklich guten Ratschlägen und einem professionellen Profil) und somit langfristig erfolgreich.

Runde 55 – Online-Pressedienste: Public Relations 2.0

Pressemitteilungen sind ein wichtiges Instrument, um über ein neues Produkt, Ihren Shop oder über die eigene Firma zu informieren. Ganz klassisch werden diese Informationen an eine Redaktion verschickt, in der Hoffnung, in den Printmedien, im Radio oder gar im Fernsehen in Erscheinung zu treten. Insofern kann eine Pressemeldung hochwirksame Kommunikation sein. Wenn sie von Journalisten aufgegriffen und verbreitet wird, erhalten Sie eine Vielzahl von Medienkontakten, die Sie sich über Werbung sonst teuer erkaufen müssten.

Doch Achtung: Eine fehlerhaft geschriebene oder schlecht aufbereitete Pressemeldung wird Ihnen keinen Erfolg bringen. „Wie schreibe ich eine gute Pressemeldung?" ist eine Frage, vor der viele PR-Neulinge stehen, die ich aber an dieser Stelle nicht aufgreifen möchte. Es würde den Umfang dieses Buches sprengen, hier eine umfassend sinnvolle Antwort zu geben. Empfohlen sei deshalb weiterführende Literatur, die am Ende dieses Buches aufgeführt ist.

Eins ist sicher: Presse-Texte dienen lediglich als Anregung – um tatsächlich von einem Journalisten verwertet zu werden, ist die thematische Relevanz von entscheidender Bedeutung. Bei der Flut an Pressemitteilungen, die tagtäglich in den Redaktionen landen, ist die Wahrscheinlichkeit einer medialen Nutzung gering.

Deshalb schließt sich zumindest ebenso brisant die zweite Frage an: Wie kommt eine Pressemeldung zu den Journalisten? „Über den Postweg" (analog oder digital) ist sicher eine richtige, wenn auch sehr einfache Antwort. Gut, dass es Mediendienste gibt, die Pressemeldungen für Journalisten abrufbar machen. Bekanntester Dienst ist sicher der Ticker der Deutschen Presse Agentur (dpa). Mit „ots" (original text source), press1 und anderen kostenpflichtigen Diensten landet die Pressemeldung nicht nur beim regionalen Käseblatt, sondern kann bundesweit von zahlreichen Journalisten gefunden werden, die auf der Suche nach relevanten Aufhängern für ihre Berichte sind. Vorteil dieser kostenpflichtigen Angebote ist sicherlich, dass die Beiträge bereits gefiltert sind (es leistet sich nicht jeder eine solche Verbreitung der Texte) und daher auch von vielen (Online-)Redaktionen übernommen werden.

Eine zusätzliche Alternative bieten kostenlose Presseportale im Internet, wie etwa OpenPR, BusinessPortal24 oder Presseecho. Neben den Anbietern von Pressemitteilungen gehören Redakteure und Journalisten zu den Nutzern dieser Plattformen, die über eine einfache Suche nach relevanten und möglichst aktuellen PR-Meldungen fahnden. Über diese offenen Portale lassen sich Leser viel bequemer erreichen als über den konventionellen Weg der Übersendung an eine oder mehrere Fachredaktionen. Teilweise recht umfangreiche Funktionen sorgen bei beiden Varianten dafür, dass Redaktionen, aber auch andere Leser etwa via Newsletter, Newsticker oder RSS Feeds automatisch über Ihr Unternehmen informiert werden. Insgesamt gibt es sicherlich 30 bis 40 ernstzunehmende Presseportale – einige branchenspezifisch oder mit regionaler Ausrichtung – und noch mehr Online-Redaktionen, die sich über relevante Informationen freuen. Diese sind durch eine Recherche bei Google schnell zu finden.

Übersicht deutschsprachiger Presseverteiler

Kostenpflichtige Pressedienste	Kostenfreie Pressedienste
http://www.press1.de	http://www.businessportal24.com/de
http://www.press2day.de	http://www.news4press.com
http://www.pressebox.de	http://www.openpr.de
http://www.presseportal.de (ots)	http://www.pr-inside.com/de
http://www.pressetext.de	http://www.presseecho.de
	http://www.pressemitteilung.ws

Wie bei klassischen Wegen der PR gilt jedoch auch hier: Wer glaubt, gleich mit der ersten oder zweiten Pressemitteilung in einer Zeitung, einer Zeitschrift oder im Fernsehen genannt zu werden, irrt zumeist gewaltig. In der Regel stellen sich Erfolge erst nach einer gewissen Zeit ein – wer sich beispielsweise nach einem halben Jahr stetiger Pressearbeit über einen Artikel in einem Fachmagazin freuen darf, hat schon gut gewirtschaftet. Eine andere Möglichkeit, die wieder besonders aus Sicht der Suchmaschinen interessant ist, sind die Artikelverzeichnisse. Wie Sie diese möglichst effektiv nutzen, erkläre ich Ihnen in der nächsten Runde.

Runde 56 – Fachartikel sorgen für guten Ruf und Backlinks

Ähnlich wie bei den Expertenportalen, in denen Sie sich mit einem Profil eintragen, lassen sich auch Artikelverzeichnisse dazu nutzen, um die digitale Reputation zu erhöhen. Außerdem hat diese Form der Imagepflege einen netten Nebeneffekt, stellt sie doch eine ausgezeichnete Möglichkeit dar, die Anzahl der Backlinks auf die eigene Website zu erhöhen.

Das Prinzip ist denkbar einfach, erfordert jedoch einen gewissen zeitlichen Aufwand und etwas Kreativität. Sie schreiben für eines dieser Verzeichnisse einen Artikel und dürfen, sozusagen als Dankeschön, ein bis zwei Links auf Ihre Seite setzen. In einigen Fällen können Sie allerdings nur auf Ihre Website verlinken, wenn Sie Ihrerseits einen Backlink zu dem betreffenden Artikelverzeichnis setzen.

Bei den meisten Artikelverzeichnissen müssen Sie sich einmalig und kostenlos anmelden; nach Erhalt der Zugangsdaten können Sie direkt loslegen und einen Artikel schreiben. Da viele Verzeichnisse auf dem Blog-System WordPress basieren, finden Sie sich zumeist schnell zurecht – in Runde 38 habe ich Ihnen die Funktionsweise von Weblogs ja bereits vorgestellt.

Unter der Webadresse *http://www.artikelverzeichnisse.com* erhalten Sie eine umfangreiche Übersicht über aktuelle Artikelverzeichnisse: Neben einer Angabe zu dem Pagerank der Top-Level-Domain (das heißt der URL, die etwa mit .de oder .com endet) finden Sie Angaben zum Pagerank der Artikel. Kleiner Tipp: Wenn Sie einmal den Pagerank einiger Artikel überprüfen (etwa mit dem kostenlosen Tool auf *http://www.database-search.com/sys/pre-check.php*), sehen Sie, dass sich die Werte durchaus davon unterscheiden können und nicht unbedingt mit den Vorgaben auf der Plattform übereinstimmen.

Dennoch liefern Ihnen diese Werte einen ersten Eindruck und somit eine gute Orientierungshilfe. Ein Backlink, den Sie über einen Artikel in einem Artikelverzeichnis generieren, das einen hohen Pagerank (zum Beispiel von 5 oder 6) besitzt, hilft Ihnen, von Google als höherwertig angesehen zu werden. Wenn Sie sich jedoch dazu entscheiden sollten, gleich mehrere Fachartikel zu unterschiedlichen Themen zu schreiben, empfiehlt es sich, diese auf verschiedene Artikelverzeichnisse zu verteilen; hierbei müssen dann zwangsläufig auch solche Verzeichnisse berücksichtigt werden, die einen etwas geringeren Pagerank aufweisen. Besonders empfehlenswert sind solche Verzeichnisse, die sich auf zu Ihnen passende Themen spezialisiert haben; falls eines auf Ihr Produkt oder Ihre Dienstleistung passt, sollten Sie nicht zögern und zuschlagen.

Aber Vorsicht: Der Hase hat zu sehr auf seine Stärken vertraut – setzen Sie kein allzu großes Vertrauen in die großen, Pagerank-starken Artikelverzeichnisse. Diese versprechen zwar eine schnelle Erhöhung Ihrer Linkpopularität, werden jedoch von Google allzu gerne abgestraft – zumeist tatsächlich erst dann, wenn sie eine gewisse Größe (das heißt einen hohen Pagerank) erreicht haben. Daher empfehle ich Ihnen, nicht ausschließlich auf dieses Pferd der Suchmaschinenoptimierung zu setzen. Eine direkte Abstrafung Ihrer eigenen Webpräsenz ist allerdings nicht zu befürchten.

Grundsätzlich bieten Artikelverzeichnisse eine gute Möglichkeit, das Erzeugen von Backlinks in die eigene Hand zu nehmen. Insbesondere bei einer Streuung von Artikeln auf unterschiedliche Verzeichnisse erzielen Sie einen maximalen Erfolg. Wie so oft gilt auch bei dieser Maßnahme zur Suchmaschinenoptimierung, dass sich die erhofften Effekte nicht von heute auf morgen einstellen. Lernen Sie hier vom Hasen, der in seinen Bemühungen, den Wettlauf zu gewinnen, einen langen Atem beweist (ohne dass Sie befürchten müssen, am Ende tot zu Boden zu sinken).

Runde 57 – Erfolgreiches Networking mit XING

Networking ist in aller Munde. Das Kennenlernen anderer Unternehmer, der Austausch über fachliche Themen und Fragen der Selbstständigkeit sowie die Vermittlung von Aufträgen sind Prozesse, die sich am besten direkt von Mensch zu Mensch durchführen lassen. Die Möglichkeiten, die Ihnen das Internet bietet, um professionelles Networking zu unterstützen, sind äußerst vielfältig. Im Business-Bereich ist es allen voran die Plattform XING (ehemals „OpenBC"), bei der zurzeit rund sieben Millionen Teilnehmer weltweit registriert sind und die sich – im Gegensatz zu „StudiVZ", „Wer kennt wen?" oder „Lokalisten" – vornehmlich an Geschäftsleute richtet.

Auch der Hase und der Igel müssen sich einmal miteinander vernetzt haben. Beide nutzen den schönen Sommermorgen, um ihre Felder zu besehen. „Guten Tag!", begrüßt der Igel das Langohr freundlich. Dieser scheint vom Dialog nicht viel zu halten. Ihn würde man vielleicht als nicht „Networking-affin" bezeichnen. Vermutlich hätte der Hase keinen besonders großen Erfolg als Networker; sein Sozialverhalten lässt doch arg zu wünschen übrig.

Denn genau darum geht es bei XING – um ein möglichst soziales Miteinander. Die angemeldeten User erhalten eine eigene Profilseite, die sie mit Daten über sich (Sichtbarkeit!) füttern können. „Ich suche", „Ich biete", „Interessen", Lebenslauf, Kontaktdaten. Allein das Ausfüllen scheint vielen Unternehmern bereits lästig zu sein, und so trennt sich auch bei XING schnell die Spreu vom Weizen.

Stufen des Networkings bei XING

1. Anmeldung bei XING
2. Grunddaten Ihres Profils ausfüllen
3. Professionelles Foto hochladen
4. Beruflichen Werdegang, Tätigkeiten ausfüllen
5. „Suche“, „Biete“ und Interessen festlegen
6. „Über mich“-Seite ausfüllen
7. Kontakte suchen und hinzufügen
8. In Gruppen aktiv werden
9. Kontakte einander vorstellen
10. Aktives Networking

„Ausdauer“ ist hier das Einzige, was Sie vom Hasen lernen können. Die Schlauheit des Igels und die Fähigkeit, sich gezielt zu verbünden – auch wenn es nur mit der Igeldame geschieht –, ist auf der Social Networking-Plattform XING entscheidend. Natürlich müssen Sie auf der einen Seite ständig nach neuen Kontakten suchen und diese wie auch Ihre anderen „Offline-Bekannten“ pflegen. Auf der anderen Seite geht es jedoch darum, gefunden zu werden. Das bedeutet, dass Sie mit etwas Cleverness ein Vielfaches der Arbeit später wieder einsparen, die Sie zunächst investieren mussten.

Der Ausgangspunkt Ihrer Bemühungen auf XING ist Ihre Profilseite, auf der Sie Angaben zu sich und Ihrer unternehmerischen Tätigkeit vornehmen. Neben Ihren Businessdaten enthält diese Seite zugleich Ihre bisherigen Kontakte sowie eine „Über mich“-Seite, auf der Sie sich ein wenig detaillierter beschreiben können. Abgerundet wird dieses Angebot mit einem Gästebuch, in dem sich die Besucher Ihrer Profilseite eintragen können.

Abbildung 13: XING-Profil Thomas Kilian (https://www.xing.com/profile/Thomas_Kilian7)

Ich habe bereits von dem Prinzip der Vernetzung bei XING gesprochen. In Ihrem Netzwerk befinden sich stets sowohl Kontakte ersten, zweiten, dritten Grades und so weiter. Besonders wichtig sind hier all jene, mit denen Sie noch nicht direkt zu tun haben; insbesondere die direkten Kontakte Ihrer Kontakte sind mit hoher Wahrscheinlichkeit solche, die eine auch für Sie interessante Tätigkeit ausführen oder potenzielle Kunden sind. Im Interview, das ich mit dem XING-Experten Joachim Rumohr geführt habe, möchte ich nun etwas detaillierter auf die Frage eingehen, worauf es bei einem professionellen XING-Profil ankommt:

Interview mit Joachim Rumohr

INTERVIEW MIT JOACHIM RUMOHR

Joachim, Geschäfte und Networking leben von Beziehungen. Was kann XING, was mir das reale Leben nicht bieten kann?

Der größte Nutzen erschließt sich in diesem Bereich aus der Nutzung der sogenannten Kontakte im zweiten Grad. Das sind die Kontakte meiner direkten Kontakte. Diese kann ich im Gegensatz zum realen Leben nicht nur einsehen, sondern auch ganz gezielt durchsuchen. So habe ich für den Aufbau einer neuen Beziehung immer eine Person zwischen mir und dem noch unbekannten XING-Mitglied, die im Idealfall beiden gut bekannt ist.

Wozu eignet sich XING überhaupt nicht? Wovor würdest du warnen?

XING ist kein geeignetes Werkzeug für platte Akquise mittels SPAM. Wer im XING-Netzwerk massenhaft unverlangte Werbenachrichten versendet, fliegt raus – und das ist auch gut so. Ich empfehle daher auch immer solche Nachrichten als SPAM an XING zu melden. Nur so kann der Support tätig werden und die Plattform von Mitgliedern freihalten, die sich nicht an die Regeln halten.

Was sind deine Top 3-Tipps, um XING optimal zu nutzen?

1. Am wichtigsten ist in jedem Fall ein aussagekräftiges Profil. Holen Sie sich dazu Feedback von Freunden, Arbeitskollegen, Geschäftspartnern und Kunden und überarbeiten Sie Ihr Profil immer wieder, damit es auf dem aktuellsten Stand bleibt. Um wirklich Erfolg zu haben, müssen Sie auf XING aktiv sein.
2. Networken Sie täglich und prüfen Sie immer wieder, wo und wie Sie anderen helfen können. Geben Sie jedoch stets ohne Erwartungshaltungen, denn darauf beruht der Gedanke des Networking.
3. Nutzen Sie die Chance und besuchen Sie offizielle XING-Events. Hier treffen Sie in kurzer Zeit viele andere Mitglieder, die alle ihr persönliches Netzwerk erweitern wollen. Denken Sie jedoch stets daran, das Persönliche in den Vordergrund zu stellen. Geschäftliches ergibt sich von allein, wenn es für beide Seiten passt.

Joachim Rumohr führt regelmäßig offizielle XING-Seminare durch und bietet auf seiner Website http://www.rumohr.de viele weiterführende Links sowie Tipps und Tricks im Umgang mit XING an.

Runde 58 – Ein professionelles Foto sagt mehr als 1.000 Worte

Dieses Kapitel muss ich mit einem Geständnis beginnen. Ich habe bis vor etwa drei Jahren nicht an die Wichtigkeit professioneller Fotos geglaubt. Ein befreundeter Fotograf war dann so nett, mich zu bekehren. (Viel zu) lange habe ich den Wert von Portrait-Fotos in der Außenwirkung unterschätzt. Schließlich kann heutzutage jeder mit seiner „Knipse" Bilder mit 5-, 8-, 10- oder Schießmichtot-Megapixeln aufnehmen und denkt, damit auch eine Entscheidung für „hohe Qualität" getroffen zu haben.

Denkfehler: Megapixel ist nicht gleich Bildqualität. Doch es gibt immer nur eine Chance für den ersten Eindruck. Wer über seine Website, ein XING-Profil oder eine Visitenkarte (fremde) Menschen ansprechen will, wird innerhalb von Sekunden in eine bestimmte Schublade gesteckt:

- Wirkt die Person sympathisch, nett, freundlich oder nicht?
- Wirkt die Person kompetent, erfahren, souverän oder nicht?
- Wirkt die Person vertrauenerweckend oder nicht?

Ein Bild sagt mehr als tausend Worte. Und doch tun wir uns mit unserem eigenen Antlitz oft so schwer. „Ich sehe auf Fotos immer total schrecklich aus" – das hörten wir bei verschiedenen Foto-Shootings nicht nur ein Mal. Erfreulich, wenn es dem Fotografen gelingt, für eine angenehme und entspannte Atmosphäre zu sorgen und ganz nebenbei noch professionelle Fotos zu schießen, die auch beim Kunden sehr gut ankommen.

Möchten Sie sehen, wie ich mich früher fotografisch präsentiert habe? Auch wenn ich mich heute ein wenig dafür schäme, will ich gerne für eine Gegenüberstellung herhalten:

Sie werden vielleicht lachen, aber ich habe mir früher wirklich nichts dabei gedacht und war mit der Aufnahme links ziemlich zufrieden. Doch die blasse Haut, die unprofessionelle Beleuchtung und die legere Kleidung passen einfach nicht zu einem Unternehmer.

Das rechte Foto: Professionelle Ausleuchtung, eine sehr gute Kamera, der richtige Gesichtsausdruck, die nötige Körperspannung und die richtige Kleidung sind alle Zutaten für einen schmackhaften Foto-Kuchen. So klappt es mit dem perfekten ersten Eindruck. Und sicher auch mit dem zweiten und dritten und ...

Runde 59 – Ohne stimmig ausgefülltes Profil geht's nicht!

Ich habe bereits darüber gesprochen, wie wichtig ein stimmig ausgefülltes Profil sein kann, das Sie bei XING (und natürlich auch auf anderen Social Networking-Plattformen) hinterlassen. Vielleicht denken Sie jetzt, dass es doch nicht so schwer sein kann, einfach die paar Felder auf Ihrer Profilseite auszufüllen. Und Sie haben natürlich Recht – doch ich spreche auch nicht davon, bloß die eigenen Daten in die richtigen Felder hineinzuschreiben. Wie so oft kommt es auch hier auf das „Wie" an.

Fangen wir doch einfach mal mit dem Offensichtlichen an: Ihr Profil benötigt ein aussagekräftiges Bild. Ähnlich wie bei Ihrem Passfoto sind einige Kriterien zu beachten. Je nach Branche, in der Sie arbeiten, kann die Art und Weise der „richtigen" Präsentation natürlich variieren. Aber ein Bild in lässiger Pose, eventuell mit einer Flasche von Ihrem Lieblingswein ist sicherlich fehl am Platz (es sei denn, Sie handeln etwa mit italienischem Vino). Was so offensichtlich und einleuchtend erscheint, wird leider in der Praxis bei Weitem nicht immer vernünftig umgesetzt. Allzu häufig blicke ich bei XING in wahre „Verbrecherfotos", mit denen sich die Reputation kaum steigern lassen dürfte.

Von ähnlicher Bedeutung sind natürlich Ihre Kontaktdaten, die Sie möglichst aussagekräftig präsentieren sollten. Haben Sie studiert? Dann sollte dies auch direkt unter Ihrem Namen stehen – viele potenzielle Kunden halten auch heute noch Akademiker für besonders seriös und kompetent. Ihre Zugehörigkeit zu einer bestimmten Firma sowie Ihre dortige Tätigkeit sollten ebenso obligatorisch sein wie die Angabe einer Telefonnummer.

Aber kommen wir nun zum schwierigen Teil, der auch Ihre Kreativität ein wenig fordert. Ich spreche von den zwei Punkten „Ich suche" und „Ich biete", die Sie in Ihrem XING-Profil unter „Persönliches" finden. Wenn Sie beispielsweise Schuhe herstellen, sollte das zweite „Fenster" mehr enthalten als nur diesen einen Begriff. Lassen Sie sich also inspirieren und formulieren Sie einen Text in ganzen Sätzen, der wirklich Lust auf Ihr Produkt oder Ihre Dienstleistung macht. Achten Sie aber auch darauf, dass darin einige wesentliche Schlüsselwörter enthalten sind, da diese bei der Suche nach Angeboten berücksichtigt werden.

Das „Ich suche"-Fenster nutze ich übrigens, um auf aktuelle Anforderungen in unserem Unternehmen aufmerksam zu machen. Wenn ich beispielsweise einen neuen Mediengestalter suche, dann schreibe ich genau das direkt in dieses Feld. Gleichzeitig enthält dieser Bereich jedoch auch die Dinge, nach denen ich permanent fahnde – nach interessanten Menschen aus der bunten Werbewelt, Kooperationspartnern und selbstverständlich nach „spannenden Projekten und neuen Herausforderungen in Marketing, Werbung und Neuen Medien". Auch hier tauchen natürlich wieder die wichtigsten Schlüsselbegriffe auf, unter denen ich gefunden werden möchte.

Um besonders aktuelle Informationen über sich und Ihr Unternehmen zu bieten, empfehle ich Ihnen, Ihre Freunde, Kollegen und Partner über die Statusmeldung auf dem Laufenden zu halten. Gleichzeitig können Sie einige persönliche Tags („Suchbegriffe") vergeben, über die Sie allgemein gefunden werden möchten.

Sie sehen, bereits die Standardfunktionen von XING bieten Ihnen eine Menge an Möglichkeiten, sich auf nur einer einzelnen Seite zu entfalten – dabei habe ich Ihnen noch nicht einmal sämtliche Funktionen erschöpfend vorgestellt (wie etwa die Möglichkeit, Ihr Curriculum Vitae in detaillierter Form zu erstellen). Wer XING jedoch in vollem Umfang nutzen möchte, das heißt insbesondere Nachrichten versenden und erhalten möchte, dem sei eine Premium-Mitgliedschaft empfohlen, die zu recht günstigen Konditionen erhältlich ist. Dadurch kommen Sie außerdem in den Genuss erweiterter Suchmöglichkeiten, um potenzielle Kunden gezielt aufspüren zu können.

Runde 60 – In XING-Gruppen fachsimpeln und auffallen

Wer sich einen guten Ruf aufbauen möchte, darf sich nicht verstecken. Sie müssen mitten hinein in den Marktplatz der Möglichkeiten. Hier bietet die Online-Plattform XING über die Gruppen-Funktion weitere Optionen zur Selbstdarstellung. Sie finden bei XING zahlreiche Gruppen zu verschiedensten Themen. Ob als Verbund regionaler Unternehmer, als Kreis von Interessenten eines bestimmten Hobbys oder als Zusammenschluss von Dienstleistern, die über ihre Angebote fachsimpeln.

Der Beitritt zu einer Gruppe ist denkbar einfach. Einige Gruppen erfordern eine Aufnahmebegründung, andere schalten Ihren Beitrittswunsch automatisch frei. In jedem Fall empfiehlt es sich, mit einer kurzen Vorstellung der eigenen Person und des Unternehmens zu beginnen. Die allermeisten Gruppen bieten dazu ein entsprechendes Unterforum an, wo sich neue Mitglieder präsentieren können und dort meistens auch sehr freundlich willkommen geheißen werden.

Steigen Sie jetzt in die Diskussionen der Gruppe ein. Sie können dazu auf bestehende Beiträge antworten, Diskussionen fortführen oder neue Themen starten. Achten Sie im Sinne der positiven Reputation darauf, stets respektvoll und höflich zu schreiben. Bieten Sie Ihr Fachwissen an, geben Sie Tipps und Hilfestellungen und bemühen Sie sich um einen gepflegten Umgangston. Schnell werden Sie in Kontakt mit anderen Gruppenmitgliedern kommen.

Fallen Sie aber nicht mit der Tür ins Haus. Seien Sie sparsam mit Hinweisen auf Ihre eigenen Angebote. Weisen Sie nur dezent und thematisch passend auf Ihre Produkte oder Dienstleistungen hin. Ein eingeflochtener Nebensatz „als Fachmann für xy würde ich …“ oder „mit unserem Produkt abc haben wir …“ sollte an dieser Stelle genügen. Stellen Sie lieber Ihre Fachkompetenz unter Beweis, indem Sie wirklich relevante Informationen liefern.

Wer noch einen Schritt weitergehen möchte, kann auch eine eigene Gruppe gründen oder bei einer bestehenden Gruppe als Co-Moderator mitmischen. Sie sollten dafür schon einige Erfahrung in Diskussionsforen und Gruppen mitbringen. Nur wenn Sie zeitlich und inhaltlich in der Lage sind, die virtuellen Gespräche mitzuverfolgen, gegebenenfalls auch mal einzugreifen oder sich auch thematisch zu beteiligen, sollten Sie als Moderator in Erscheinung treten. Andernfalls kann Ihre Tätigkeit auch nach hinten losgehen.

Eines muss ich ganz deutlich sagen: Das Engagement in einer Gruppe ist kein Selbstläufer. Wer nicht jeden Tag etwas Zeit einbringen kann, wird in dieser Form der Online-Akquise keinen Erfolg haben. Aber wer gerne mit Menschen ins Gespräch kommt, sich seine Zeit einteilen kann oder sowieso häufig vor dem Bildschirm sitzt, hat mit der Gruppenfunktion in XING eine hervorragende Möglichkeit zur Selbstdarstellung, die auch noch kostenlos ist. Aus eigener Erfahrung kann ich diese Form der langfristigen Neukunden-Gewinnung absolut empfehlen.

Interview mit Markus Gehlken

Interview mit Markus Gehlken, „Gehlken & Schwarz" (http://www.bau-auftragsbbeschaffung.de)

Markus, du hast bereits verschiedene Gruppen in XING moderiert – wie kam es dazu?

Als Gruppen-Moderator bekomme ich noch einmal einen ganz anderen Zugang zu XING-Mitgliedern – das war meine erste Motivation. Ich erfahre aus erster Hand von Problemen und Wünschen, werde von vielen Mitgliedern direkt angesprochen, kann noch besser Menschen miteinander vernetzen – und kann mich selbst dabei als Nebeneffekt noch hervorragend mit meiner Arbeit und meinen Leistungen positionieren.

Ist eine XING-Gruppe nicht reine Zeitverschwendung?

Definitiv nein. Gerade in den Gruppen, in denen ich aktiv bin, finde ich nicht nur häufig sehr gute Kontakte und potenzielle Interessenten, sondern ich werde auch von zukünftigen Kunden gefunden. Allerdings nur, wenn ich auch selber durch eigene Artikel mein Know-how vermittele.

Wie kann das Engagement in einer solchen Gruppe zu neuen Kunden führen?

Es gilt hier: „Geben ist seliger denn Nehmen". Wenn ich bereit bin, mich im Rahmen einer Gruppe zu engagieren und auch Hilfestellungen und Know-how weiterzugeben, fassen andere XING-Mitglieder Vertrauen zu mir und sprechen mich auch direkt an. Häufig ist das der erste Schritt zu einem Termin oder einem Auftrag.

Runde 61 – XING und Amiando erleichtern Eventmanagement

Doch der Igel hat es nicht eilig. Er will erst noch zu Hause frühstücken. Also verabreden sich die Kontrahenten für den späteren Wettkampf.

Es ist manchmal gar nicht so leicht, sich zu verabreden. Was zwischen dem Hasen und dem Igel nur eine kurze Absprache erfordert, scheint für die Organisation von Seminaren, Veranstaltungen und geschäftlichen Events doch ziemlich anstrengend zu sein. Vor allem dann, wenn es sich um eine ungewisse Zielgruppe handelt. Ich weiß, wovon ich spreche, organisiere ich doch selbst von Zeit zu Zeit Schulungen und Seminare zu Akquise-Zwecken. Neben dem Versand von unzähligen Werbebriefen musste ich früher die Anmeldungen, Rechnungen und Seminarunterlagen für jeden per Hand vorbereiten, ausdrucken und verteilen, Zahlungseingänge überwachen, unter Umständen Zahlungserinnerungen verschicken und so weiter und so fort. Mühsam, wirklich mühsam, so ein Unterfangen.

Mittlerweile gibt es – auch in Kombination mit XING, Newslettern und speziellen Online-Tools – sehr vielfältige Möglichkeiten, Veranstaltungen über das Internet zu planen und auch deren Abwicklung vorzunehmen.

Beispiel: Businesstreffen des „Unternehmerforums Ostwestfalen-Lippe"
Wir haben hier sehr gute Erfahrungen mit einer XING-Gruppe für Unternehmer aus Ostwestfalen-Lippe machen können. Bei Entstehung dieses Buches sind im „Unternehmerforum OWL" mehr als 1.000 Teilnehmer registriert. Alle paar Monate haben wir eine Veranstaltung geplant und über die Gruppe per Newsletter dazu eingeladen. Zwischen 50 und 70 Personen haben an den regionalen Netzwerktreffen teilgenommen. Flankiert wurden die Online-Werbeaktionen durch gezielte Veröffentlichungen in der ostwestfälischen Presse.

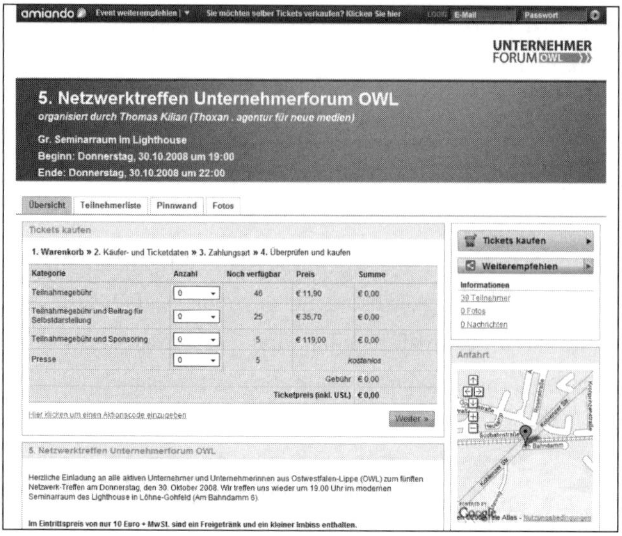

Abbildung 14: Amiando-Eventseite für das Unternehmerforum OWL im Herbst 2008

Als wertvolle Unterstützung hat sich für mich die Online-Plattform Amiando herausgestellt (*http://www.amiando.de*). Diese ermöglicht es mir, eine Veranstaltung auf einer eigens eingerichteten Webseite umfassend zu beschreiben und dort Tickets zum Verkauf anzubieten. Die Teilnehmer melden sich bei Interesse über Amiando zur Veranstaltung an. Entweder entscheiden Sie sich zu einer Überweisung des Teilnahmebetrags oder Sie geben Ihre Bankverbindung für eine automatische Abbuchung an. Amiando versendet automatisch das Ticket (per E-Mail oder gegen einen kleinen Aufpreis per Post) und erstellt eine Rechnung als PDF-Datei. Für diesen Full-Service berechnet der Online-Dienstleister 7,5 Prozent der Ticket-Gebühr. Für kostenfreie Veranstaltungen fallen somit keinerlei Kosten an.

Ich habe als Veranstalter jederzeit den Überblick über die angemeldeten Teilnehmer, muss mich nicht um die Tickets oder die Rechnungsabwicklung kümmern und kann sichergehen, dass alle eine ordentliche Rechnung mit ausgewiesener Mehrwertsteuer erhalten. Den Gesamtbetrag erhalte ich ein bis zwei Wochen nach der Veranstaltung von Amiando zuverlässig überwiesen. Für mich erleichtert dieser Service die Abwicklung einer Veranstaltung ungemein. Doch das Tool kann noch mehr, auch im Hinblick auf die Organisation und Vermarktung eines Events.

Jederzeit kann ich eine E-Mail-Nachricht an die angemeldeten Teilnehmer oder Interessenten verschicken, etwa um sie noch einmal an die Veranstaltung zu erinnern oder um zusätzliche Informationen mitzuteilen. Darüber hinaus bietet Amiando sogenannte „Viral-Tickets" und Gutschein-Codes an. Wer einen solchen Code bei der Anmeldung eingibt, erhält einen von mir zuvor bestimmten Rabatt. Nutzen Sie diese Möglichkeit, um Ihren Kunden eine Vergünstigung für eine Veranstaltung anzubieten. Was es mit den Viral-Tickets auf sich hat, verrät Amiando auf seiner Internetseite: *„Nach dem Ticketkauf erhalten Ihre Teilnehmer einen Code, den sie an ihre Freunde und Kollegen weitergeben können. Der Clou ist der doppelte Anreiz: Für jeden geworbenen Teilnehmer erhält der Vermittler einen Bonus und der neu gewonnene Teilnehmer einen Freundschaftsrabatt. Für Sie als Veranstalter bedeutet das: Mehr Teilnehmer bei sehr geringen Werbungskosten."*

Was bedeuten nun solche Tools zum Eventmanagement für Sie? Ganz klar: Sie vereinfachen die Organisation, erleichtern aber vor allem, Teilnehmer für eine Veranstaltung zu finden. Wo es früher sehr aufwendig war, ein Event anzubieten, ermöglichen Web 2.0-Tools heute, eine Veranstaltung quasi „nebenbei" zu organisieren. Sie brauchen nur eine Idee und eine Gruppe von Menschen, die Sie einladen möchten.

Ich halte die angebotenen Möglichkeiten von Amiando für eine hervorragende Unterstützung beim gesamten Eventmanagement. Auch bei XING stehen mit der Termin- und Veranstaltungsfunktion zahlreiche Möglichkeiten zur Teilnehmerwerbung zur Verfügung. Sie können angelegte Termine an Ihre Kontakte oder innerhalb einer Gruppe per E-Mail-Nachricht versenden und erhalten in der Regel innerhalb weniger Tage ein Feedback, wer an der Veranstaltung teilnehmen möchte, seinen Status auf „Vielleicht" setzt oder absagt. Die User haben für jede Option die Möglichkeit, einen kurzen Kommentar hinzuzufügen und ihre Entscheidung zu begründen. XING ist derzeit dabei, das Event-Tool auszubauen. Ich bin sicher, dass wir in naher Zukunft ähnliche Funktionen bei XING nutzen können, die uns zurzeit nur Amiando und andere spezialisierte Dienstleister bieten.

Für mich sind die Reaktionsmöglichkeiten immer auch eine Gelegenheit, den Kontakt gezielt noch einmal anzuschreiben oder kurz anzurufen. Ich schaffe Anlässe, um in Beziehung zu potenziellen Kunden zu treten, ohne dass ich per telefonischer Kaltakquise „Klinken putzen" muss. XING erwärmt gewissermaßen die Akquise-Bemühungen, indem die Plattform Möglichkeiten für den Dialog schafft, sei es in Zusammenhang mit einem Termin, in einer Gruppe oder in der direkten Verbindung zueinander. Nutzen Sie diese Form der offenen Netzwerk-Kommunikation, um sich virtuell zu verbinden und dann auch in der Realität immer besser kennenzulernen.

Runde 62 – Gezielte Maus-zu-Maus-Propaganda einsetzen

Mund-zu-Mund-Propaganda ist ein altes Phänomen, das vielleicht seit Jahrtausenden Menschen zu einer größeren Bekanntheit und damit zum Erfolg verholfen hat. Das Internet, das als virtuelle Welt ein Stück weit auch Kopie der realen Welt ist, greift immer wieder auf dieses Vorbild zurück. So wie Sie Ihren Freunden erzählen, bei welchem Bäcker es die besten Brötchen gibt oder welche Autowerkstatt Sie besonders kompetent und seriös berät, so verhält es sich auch online.

Eine Suche bei Google offenbart, wie viele Websites auf „Maus-zu-Maus-Propaganda" setzen: Die Eingabe von „Seite weiterempfehlen" spuckt fast fünf Millionen Treffer aus. Und dabei habe ich längst noch nicht alle Formulierungen berücksichtigt (etwa „Empfehlen Sie diese Seite weiter"). Sie sehen,

Empfehlungsseiten haben sich im Internet etabliert. Sie geben Internetnutzern die Möglichkeit, Freunde, Bekannte und Geschäftspartner darüber zu informieren, auf welch interessante Website sie gestoßen sind.

Ob Sie nun einen Online-Shop besitzen oder Ihr Unternehmen im Internet promoten möchten – zufriedene Kunden erhöhen dadurch Ihren Kundenstamm, dass sie ihren Freunden und Kollegen von ihrem Erfolgserlebnis bei Ihnen erzählen. Mit *Tip-a-friend* bieten Sie ihnen die Möglichkeit, direkt von Ihrer Website eine Nachricht an einen oder mehrere Bekannte zu versenden. Dies ist ein wichtiges Instrument für das Online-Marketing. Denn anders als in der realen Welt merken sich die Nutzer Ihrer Website oft nicht, wie toll es bei Ihnen war. Schnell hat der Kunde erledigt, was er bei Ihnen wollte, und ist schon auf und davon zur nächsten Website. Warum geben Sie Ihren Kunden also nicht die Chance, die Flüchtigkeit der positiven Erlebnisse auf Ihrer Internetpräsenz mit einer kurzen Nachricht an Freunde und Bekannte festzuhalten?

Eine andere Form der Maus-zu-Maus-Propaganda ist übrigens das sogenannte *virale Marketing*. Dies ist eine Marketing-Strategie, bei der ein Produkt, eine Marke oder eine Kampagne in sozialen Netzwerken eingebracht wird. Ziel dabei ist, dass sich diese Information wie ein Lauffeuer oder Virus (verstehen Sie den Begriff bitte ausnahmsweise positiv!) in einer oder in mehreren Communitys verbreitet. Schließlich tauschen sich die Mitglieder dort permanent miteinander aus. Findet jemand Ihr Produkt interessant, kann es schnell passieren, dass er weitere Mitglieder informiert, diese dann wieder andere User und so weiter.

Wie Sie sehen, ist die Maus-zu-Maus-Propaganda ein mächtiges Instrument, um Ihre Angebote im Internet erfolgreich zu vermarkten. Insbesondere beim viralen Marketing sollten Sie jedoch darauf achten, dass Sie Ihre Botschaften zum einen nicht zu aufdringlich servieren, zum anderen im Blick behalten, ob Ihr Produkt zu den ausgewählten sozialen Netzwerken auch wirklich passt.

Checkliste „Social Media und Reputationsmanagement"

	Fragen	Ja	Nein	Notizen
1.	Sind Sie im Internet bereits als Fachmann auf Ihrem Gebiet bekannt und beliebt?			
2.	Nutzen Sie die Social Networking-Plattformen (etwa XING oder Facebook), um Ihr Firmenprofil zu zeigen?			
3.	Treten Sie schon in einem der Expertenportale als Fachmann auf, dessen Rat gerne gesucht wird?			
4.	Präsentieren Sie Ihr Unternehmen bereits in einigen Presseportalen, um so über Neuerungen und Entwicklungen zu informieren?			
5.	Verwenden Sie Artikelverzeichnisse dazu, kleinere Fachartikel zu schreiben und so zusätzlich Backlinks zu generieren?			
6.	Haben Sie sich speziell im Portal XING so positioniert, dass Sie hier ein professioneller Networker geworden sind?			
7.	Bestehen Sie eine „Gesichtskontrolle" Ihres Fotos auch im Internet ohne größere Schwierigkeiten?			
8.	Haben Sie bereits einen zweiten oder dritten Blick in Ihre Profile riskiert, ob auch wirklich alles stimmig ist?			
9.	Auch wenn aus Ihnen vielleicht kein zweiter Thomas Gottschalk wird: Schon auf die Idee gekommen, sich im Web als Moderator in Szene zu setzen?			
10.	Nutzen Sie die verfügbaren Online-Dienste bereits, um Veranstaltungen möglichst effizient zu planen?			
11.	Ist Maus-zu-Maus-Propaganda schon eine effektive Werbemöglichkeit für Sie?			

9. Schlussspurt (Runde 63 bis 73) – Aus Besuchern Kunden machen

So lief der Hase dreiundsiebzigmal, und der Igel hielt immer mit. Und jedesmal, wenn der Hase oben oder unten am Ziel ankam, sagten der Igel oder seine Frau: „Ich bin schon da."

Es ist fast geschafft. Wir nähern uns der Zielgeraden. Dreiundsiebzig Runden sind der Hase und der Igel insgesamt um die Wette gelaufen. Besser gesagt: Der Hase ist gelaufen, der Igel hat es sich in der Zwischenzeit am Feldrand gemütlich gemacht und immer wieder „Ich bin schon da!" gerufen, wenn das Langohr am Ende des Ackers aufgetaucht ist. – Ich hoffe, Sie sind auch „noch da" und haben ausreichend Puste für den Schlussspurt. Wir wollen uns anschauen, welchen Erfolg der Einsatz im Internet gebracht hat. Doch wie in der Aufwärmrunde ganz zu Anfang unseres Wettlaufs schon erwähnt, kommt es nicht nur auf steigende Besucherzahlen, sondern auf das richtige Verhältnis von Besuchern zu Interessenten (und neuen Kunden) an. Über die „Conversion" habe ich ja schon mehrfach gesprochen. Wenn diese Rate nicht stimmt, ist die Website für neue Kunden einfach noch nicht optimal aufgestellt.

Häufige Fehler sind ungenügende Benutzerfreundlichkeit („Usability"), ein uneinheitlicher und unprofessioneller Gesamteindruck, nicht mehr aktuelle Inhalte oder das Fehlen von schnell zugänglichen Kontaktinformationen. So hindern Sie Besucher aktiv daran, Ihre Kunden zu werden. Ich habe mich deshalb entschieden, den virtuellen Wettlauf mit wichtigen Voraussetzungen für professionelles Webdesign und den sinnvollen Aufbau einer Homepage zu beenden.

In den folgenden elf Runden lernen Sie, wie Sie aus Besuchern Kunden machen, indem Sie Projekte und Produkte professionell präsentieren, mit Testimonials Vertrauen erzeugen und wirksame Werbetexte fürs Internet verfassen. Lassen Sie uns jetzt auf das Ziel blicken und gemeinsam noch einige Kirschen auf die Sahnetorte legen …

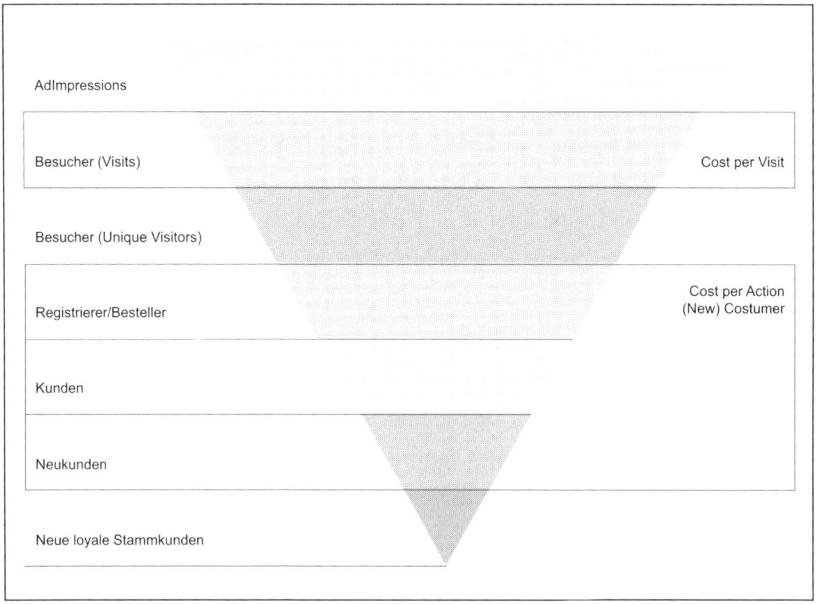

Abbildung 15: Trichtermodell der Konversion – Aus Werbeanzeigen werden Besucher generiert, diese registrieren sich und werden am Ende zu Kunden.
(Quelle: eprofessional GmbH)

Runde 63 – Mit Google Analytics Erfolge messen

Eine der wichtigsten Fragen scheint für meine Kunden zu sein: „Und? Wie viele Besucher hatten wir im letzten Monat?" Es gibt keinen, dem diese Frage egal wäre. Schließlich ist die Zahl der Besucher ein erster Gradmesser, ob sich die Anstrengung gelohnt hat. Konnten wir die Zugriffszahlen merklich steigern, steigt zugleich die Zufriedenheit des Kunden. Doch ist es wirklich so einfach?

In der ersten Runde habe ich schon darauf hingewiesen, dass Besucherzahlen nicht alles sind. Natürlich bieten mir die Zugriffe einen Anhaltspunkt. Wer pro Monat 50 Besucher zählt, hat schlicht und einfach weniger Erfolg als jemand, der monatlich 5.000 Klicks auf seine Internetpräsenz vorweisen kann. Aber bei der Neukunden-Gewinnung ist Quantität nicht immer auch Qualität. Wichtig ist vor allem die sogenannte „Conversion-Rate", also die Quote der Umwandlung von Besuchern zu Interessenten. Die Konversion könnte etwa darin bestehen, dass ein Besucher ein Kontaktformular ausfüllt, einen Anruf tätigt oder einen Newsletter bestellt. Sie entscheiden, welche der Maßnahmen für Ihre Bedürfnisse und für den Zweck der Website zielführend sind.

Wenn ich 1.000 Besucher habe und eine Konversionsrate von 2 Prozent, dann werden 20 Personen in irgendeiner Art und Weise tätig. Was bringt es mir, 10.000 Besucher zu haben, wenn die Quote dann vielleicht nur bei 0,1 Prozent liegt (für die Nicht-Kopfrechner unter Ihnen: Nur 10 Interessenten melden sich...)? Mir ist es deshalb lieber, Besucher auf meiner Website zu begrüßen, die auch tatsächlich nach meinen Angeboten suchen. Wer ein Ladengeschäft betreibt, bietet schließlich auch keine „Wärmehalle" für Leute, die gar nichts kaufen wollen. Viel lieber sind Ihnen doch Kunden, die bereits wissen, was sie suchen, oder?

Auch Frank Reese weist in seinem Buch „Google Analytics – Damit aus Traffic Umsatz wird" auf diese Notwendigkeit hin:

„Der Wert von mehr Traffic auf der Site etwa durch eine bessere Positionierung bei Suchmaschinen ***liegt am Ende nicht in mehr Visits oder Seitenabrufen, sondern in einer höheren Wertschöpfung****. Diese Wertschöpfung kommt durch die Zielfestlegungen in den Blick. Über den erzielten Wert werden die verschiedenen Kanäle (Menüpunkt ‚Besucherquellen') in ihrem Beitrag zum Umsatz vergleichbar. Sie können Ihr Budget dort einsetzen, wo Sie den meisten Nutzen haben werden."* (Hervorhebung durch den Autor)

Für die Messung und Auswertung von Besucherzahlen bieten sich verschiedenste Counter, Statistik-Programme und Server-Tools an. Ich empfehle Ihnen heute das kostenlose Programm „Google Analytics“. Aus vier Gründen macht der Einsatz dieses Google-Zusatzwerkzeugs Sinn:

Google Analytics ist genau. Es gibt Besucherzähler, die zählen wirklich alles und jedes. Kommen wir zurück zum Ladengeschäft: Zählen Sie Besucher, die reingehen, rausgehen und wieder reingehen drei Mal? Zählen Sie den Paketboten mit? Denjenigen, der nach dem Weg fragt? Zählen Sie Ihre Mitarbeiter? Zählen Sie die Reinigungskraft oder den Installateur? Nein, Sie zählen nur die potenziellen Kunden. So macht es Google Analytics. Sie bekommen eine sinnvolle Auswertung, in die Suchroboter, Spider-Programme oder eigene Klicks bei der redaktionellen Pflege der Website nicht mit einfließen. So mancher Kunde war bass erstaunt, als er die eigenen Server-Statistiken mit der Analyse von Google Analytics verglichen hat. Ich finde es persönlich immer besser, tiefzustapeln und mich positiv überraschen zu lassen, als von falschen Annahmen geblendet zu sein.

Google Analytics ist einfach. Wer sich mit einem Google-Konto als Benutzer registriert hat, erhält bei Google Analytics einen kleinen Programmiercode, der einfach nur am Ende der eigenen Website (direkt vor dem schließenden „Body-Tag“) eingefügt werden muss. Bei einem Content Management System brauchen Sie diesen Code nur einmal im Template anzugeben, bei einer statischen HTML-Website muss er auf jeder Unterseite eingefügt werden. Schon einen Tag später stehen erste Zahlen zur Verfügung und Sie können sich im Benutzermenü individuelle Auswertungen erstellen lassen.

Google Analytics ist umfassend. Für viele zählen im Grunde nur drei Zahlen: Wie viele Besucher hatte ich diesen Monat im Vergleich zum Vormonat (Veränderung in Prozent)? Wo kommen die Besucher her (Suchmaschinen, welche Schlüsselbegriffe, andere Websites mit Link-Empfehlungen)? Wie viele Besucher haben Kontakt aufgenommen (Conversion Rate)? Auf alle diese Fragen bietet das Programm eine schnelle Antwort auf der Übersichtsseite. Doch Google Analytics kann noch viel mehr. Es stehen Ihnen zahllose Auswahlmenüs, Statistiken und Verfahren zur Verfügung, mit denen Sie Besucherströme messen können, Ausstiegsseiten herausfinden (wo verlassen die Besucher die Website?), Aufrufe der Unterseiten festhalten oder die Besucher nach Ländern, Browser, Bildschirmgröße und weiteren Faktoren analysieren können. So können Sie auf verschiedenste Ergebnisse sehr konkret reagieren und die Auswirkung Ihrer Bemühungen sofort überprüfen.

Google Analytics misst nicht nur Besucher, sondern erreichte Ziele. Sie können mit verschiedenen Verfahren Ziele festlegen (zum Beispiel Absenden einer Bestellung, Anmeldung für einen Newsletter, Ausfüllen eines Formulars oder Aufruf einer bestimmten Zielseite), die von Google Analytics überprüft werden. So behalten Sie nicht nur die Besucherströme, sondern vor allem das Verhältnis von Besuchern zu Ihren zuvor definierten Erfolgen im Blick. Dafür bietet das Tool verschiedene Darstellungsformen, die einen sehr schnellen Überblick ermöglichen.

Für internationale Konzerne mit Millionen von Zugriffen im Monat ist vielleicht ein noch umfassenderes Monitoring notwendig, aber meiner Meinung nach lässt Google Analytics (fast) keine Wünsche offen, wenn es um die umfassende Auswertung Ihrer Besucherzahlen und der Gewinnung von Interessenten geht.

Runde 64 – Usability/Bedienbarkeit/Navigation

Manche Websites sehen aus wie „Kraut und Rüben". Ein heilloses Durcheinander an Texten, Links, blinkenden Werbebannern und sich bewegenden kleinen Grafiken. All das zeugt nicht von handwerklichem Geschick beim Aufbau einer Internetseite. Doch auch viele vermeintliche „HTML-Profis" sind nicht in der Lage, die Informationen so aufzubereiten, dass die Besucher sich wohlfühlen. Und für einige stehen „Extravaganz“ und möglichst ausgefallene Darstellungen an erster Stelle. Meinetwegen gerne, aber bitte wundern Sie sich nicht über ausbleibende Kunden. Wer sich professionelle Online-Akquise auf die Fahnen schreibt, muss vor allem eine klare und durchdachte Website-Struktur präsentieren.

Die sogenannte „Usability“ (dt. „Benutzerfreundlichkeit“) ist eine zentrale Grundvoraussetzung für professionelle Websites. Nur wenn die User in der Lage sind, die Inhalte in kürzester Zeit zu erschließen, und sich ohne Mühe durch die Seiten bewegen können, fangen sie überhaupt an zu lesen. Dabei steht die schnelle Auffindbarkeit einer logischen Navigation an erster Stelle. Studien zeigen, dass diese vertikal oben oder horizontal links am häufigsten vermutet wird. Halten Sie sich an diese Standards und machen Sie keine Experimente mit der Navigation an „besonders kreativen“ Stellen Ihres Internetauftritts.

Eine Navigationszeile sollte nie mehr als fünf bis sieben Menüpunkte aufweisen. Das Gehirn ist nicht in der Lage, mehr Begriffe auf einmal sinnvoll zu verarbeiten. Strukturieren Sie bereits bei der Planung Ihrer Website die Seiten nach Haupt- und Unterkategorien. Sie können innerhalb eines jeden Menüpunkts wiederum mehrere Seiten unterbringen.

Ihre Besucher sollten jederzeit ohne langes Suchen zur Startseite zurückgelangen können. Integrieren Sie den Link zur Einstiegsseite gut sichtbar an erster Stelle Ihrer Hauptnavigation („Home“ oder „Startseite“) und verlinken Sie Ihr Logo im Kopfbereich der Seite ebenfalls dorthin. Ermöglichen Sie das leichte Auffinden der Kontaktinformationen und des Impressums. Schließlich möchten Sie ja einen Bestellvorgang oder eine Terminvereinbarung bei Ihren Besuchern auslösen.

Bei einer umfangreichen Website empfiehlt es sich, neben der typischen Navigation weitere Möglichkeiten zur „Erkundung“ der Inhalte anzubieten. Eine deutlich platzierte Suchfunktion gehört dabei längst zum Standardumfang eines professionellen Internetauftritts. Des Weiteren eignen sich sogenannte „Tag-Clouds“ (engl. Schlagwort-Wolken), bei denen einzelne Begriffe je nach Verwendungshäufigkeit in unterschiedlichen Schriftgrößen dargestellt und zu entsprechenden Unterseiten verlinkt werden. Auch spezielle Textlinks, die im Kontext zum Gesagten weiterführende Informationen bieten, sind ein beliebtes Mittel zur Benutzerführung innerhalb der Unterseiten.

Runde 65 – Kontaktaufnahme erleichtern

Denken Sie bei der Benutzerfreundlichkeit vor allem daran, welches Ziel Sie bei Ihren Benutzern erreichen wollen. Führen Sie Ihre Gäste wie bei einer Besichtigung durch die wichtigsten Räume Ihres virtuellen Hauses. Sprechen Sie an den passenden Stellen die richtigen Handlungsanweisungen aus: „Möchten Sie ablegen?“ (Machen Sie es sich gemütlich!) – „Darf ich Ihnen etwas zu trinken anbieten?“ (Was kann ich für Sie tun?) – „Darf ich Sie zu Tisch bitten?“ (Rufen Sie mich an!) Vor allem dieser letzte Punkt fehlt auf vielen Websites. Sie haben Ihren Besuch gut informiert, er fühlt sich unterhalten, weiß über Ihre Angebote Bescheid und steht dann etwas wackelig am Empfang herum, weil er nicht weiß, wie es weitergeht.

Lernen Sie daher von den Verkaufsprofis: Nehmen Sie Ihren Interessenten an die Hand und fordern Sie ihn zu einer Entscheidung heraus:

- „Rufen Sie uns unter der Nummer (0815) 47 11 an, um weitere Informationen zu erhalten!“
- „Vereinbaren Sie noch heute per E-Mail ein kostenfreies Beratungsgespräch!“
- „Bestellen Sie jetzt drei Produkte zum Preis von zwei!“

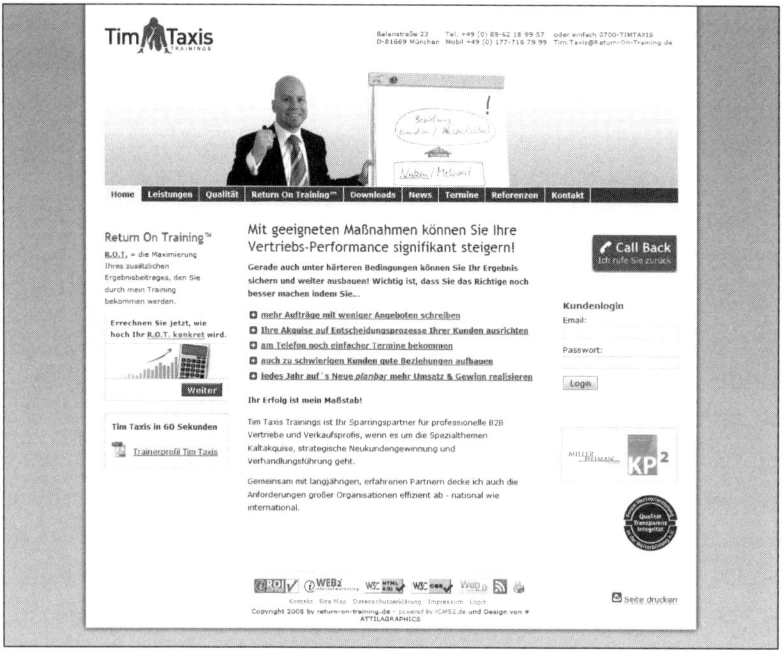

Abbildung 16: Website von Verkaufstrainer Tim Taxis (http://www.return-on-training.de): Ganz oben stehen die Telefonnummern, rechts am Rand ein auffälliger „Call back"- Button, mit dem er eine Rückrufmöglichkeit anbietet.

Die wichtigste Regel bei der Usability – und zwar während des gesamten Besuchs – ist die Einfachheit. Machen Sie es Ihrem Gast so einfach wie möglich, Informationen zu erhalten, sich wohlzufühlen und am Ende auf Ihr Angebot zu reagieren. Studien zeigen, dass die meisten „Website-Abbrecher" aus Überforderung, wegen Unübersichtlichkeit oder Ratlosigkeit die Seite schließen. Hinterlegen Sie Ihre Aufforderung zur Kontaktaufnahme am besten direkt mit einem Link zu einem Kontaktformular oder zu einer Seite, wo die Telefonnummer klar zu erkennen ist. Ebenfalls zu empfehlen ist eine spezielle Kontaktbox, die auf jeder Seite an der gleichen Stelle auftaucht. So sind die notwendigen Daten jederzeit im Blickfeld und können ohne weiteren Klick vom Besucher aufgerufen werden.

Vergleichen Sie den Besuch einer Website mit dem Betreten eines Ladenlokals. Durchwühlte Grabbeltische, unaufgeräumte Produktständer und unfreundliches Personal wirken nicht gerade verkaufsfördernd. Wer einen Interessenten aber auf der Stufe abholt, wo er sich befindet, sich freundlich um die Wünsche und Bedürfnisse kümmert und an entsprechender Stelle den Verkauf abschließt, hat einen zufriedenen Kunden gewonnen. Erleichtern Sie deshalb die Kontaktaufnahme, um Ihren Kunden weiter beraten oder ihm direkt etwas verkaufen zu können.

Runde 66 – Verschenken Sie kein Potenzial – verknüpfen Sie online und offline

Nun kommt ein Kapitel, das mit der Neukunden-Gewinnung im Internet nur peripher zu tun hat, für mich aber eine wichtige Grundlage darstellt, um systematisch aus Interessenten Kunden zu machen. Denn in schnellen und globalen Märkten kann es sich niemand leisten, Potenziale zu verschenken. Ich staune immer wieder, wenn ich erleben darf, wie oft Anfragen von Interessenten einfach untergehen. Wer fühlt sich schon zuständig, wenn Anfragen per E-Mail an das Unternehmen gestellt werden? Und wird das gewünschte Prospekt-Material umgehend zugesendet, oder trudelt es erst nach Wochen ein?

Wenn wir darüber sprechen, dass sich mehr Besucher Ihrer Website bei Ihnen melden sollen (Kontaktformular, Telefonanruf), dann brauchen Sie ein zuverlässiges System, um diese Interessenten auch sinnvoll zu betreuen. Denn entweder kauft der Besucher sofort und wird dadurch zum Kunden, oder er will sich zunächst nur informieren und die Geschichte gerät vielleicht wieder in Vergessenheit.

Hier spielt wieder die Verknüpfung von Online- und Offline-Elementen eine Rolle. Es geht um das Erfassen von und das Arbeiten mit Kundendaten, das sogenannte „Customer Relationship Management" (CRM).

Viele Unternehmen haben bereits Systeme im Einsatz, mit denen sie die Kontaktdaten ihrer Kunden erfassen. Wenn Frau Müller wieder einmal etwas nachbestellt, ist ihre Adresse sofort griffbereit. Doch nutzen Sie Ihr CRM-System bereits dazu, Online-Interessenten festzuhalten und mit ihnen in Kontakt zu bleiben?

Ich bin davon überzeugt, dass es viel schwieriger ist, einen ganz neuen Kunden zu gewinnen, als einen Interessenten zum Kunden zu entwickeln. Nutzen Sie deshalb jede Kontaktaufnahme, um zu erfahren, wie der Besucher Sie gefunden hat, welche Erwartungen er hat und wie er weiterhin kontaktiert werden möchte. So können Sie weitere Empfänger für Ihren Newsletter gewinnen, sich eine Liste mit Interessenten erstellen, die Sie alle drei Monate regelmäßig anrufen, um sie über neue Produkte zu informieren oder sogar von Zeit zu Zeit einen Termin zu vereinbaren.

Wer neue Kunden gewinnen will, aber die Interessenten vernachlässigt, braucht sich über ausbleibende Aufträge nicht zu wundern. Die Hausaufgabe für den Moment lautet also: Erstellen Sie ein (am besten schriftliches) Konzept, wie Sie im Unternehmen Interessenten erfassen und betreuen und welche Schritte es geben soll, um aus Erstbesuchern nach und nach feste Kunden zu machen.

Runde 67 – Projekte und Produkte professionell präsentieren

Leider ist meine Kristallkugel letzte Woche kaputt gegangen. Ich kann deshalb nicht sehen, welche Art von Unternehmen Sie haben, in welcher Branche Sie arbeiten und welche Kunden Sie im Internet gewinnen möchten. Doch irgendeine Art von Angebot werden Sie schon an den Mann oder die Frau bringen wollen: Sei es eine spezielle Dienstleistung, eine Beratung, eine Behandlung oder ein bestimmtes Produkt. Vielleicht sind Sie Händler, Handwerker oder Handelsreisender – die Möglichkeiten sind in der heutigen

Wirtschaft ja schier unendlich. Lassen Sie uns der Einfachheit halber deshalb allgemein von „Angebot" sprechen.

Denn uns allen gemeinsam ist doch der Wunsch, Angebote professionell im Internet zu präsentieren. Und auch wenn sich eine Produktpräsentation von einer Darstellung erklärungsbedürftiger Projekte in gewissen Dingen unterscheidet, sind die grundlegenden Kriterien doch dieselben. Vielfach habe ich den Eindruck, dass Unternehmen ihre „Schätze" in schweren Eisenkisten verstecken, die im feuchten Keller oder auf dem Dachboden stehen. Lassen Sie Ihre potenziellen Kunden bereits online erleben, was für tolle Angebote Sie haben.

Wichtigstes Kriterium ist für mich die Sichtbarkeit des Angebots. Nutzen Sie den heutigen Stand der Technik, um Ihre Angebote per Text, Bild, Ton, „Bewegtbild" (Video) oder in 3-D abzubilden. Achten Sie bei der Präsentation auf Übersichtlichkeit, professionelles Bild- und Textmaterial und auf eine einheitliche Darstellung.

Machen Sie Ihr Angebot interessant. Verpacken Sie Ihre Beratung in ein bestimmtes Bild, das sich wie ein roter Faden durch Ihre Website zieht. Entwickeln Sie ausdrucksstarke Metaphern für erklärungsbedürftige Dienstleistungen, in denen Sie vor allem den Kundennutzen betonen. Geben Sie Ihren hochwertigen Produkten den optischen Raum, den sie verdienen. Nur allzu oft werden Waren kaum oder nur auf Briefmarken-großen Bildchen dargestellt, bei denen ich selbst mit einer Lupe nicht erkennen kann, worum es sich dabei handelt. Und achten Sie bei der Produktpräsentation und Navigation bitte stets auf die Benutzerfreundlichkeit („Usability") der Website.

Anhand zweier Beispiele möchte ich Ihnen zeigen, was ich meine. Vergleichen Sie doch einmal den Aufbau dieser beiden Online-Shops für Kaffee:

Abbildung 17:

http://www.kaffee-abo.de

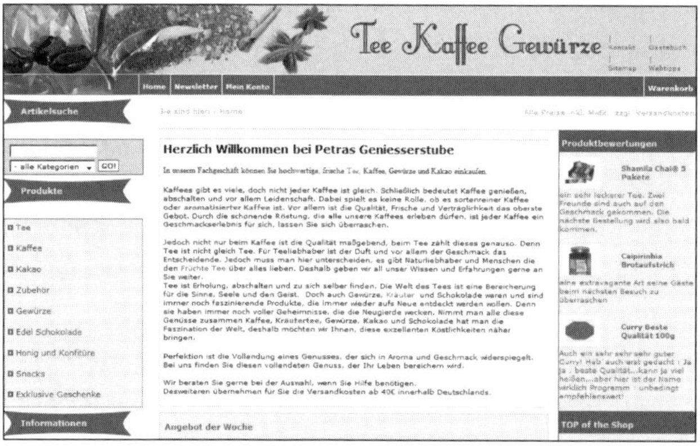

Abbildung 18:

http://www.kaffee-tee-gewuerze-shop.de

Vermutlich wissen Sie jetzt bereits, was ich meine. Während die Seite von Kaffeeabo den Verkauf von frisch gemahlenen Kaffeebohnen sehr ansprechend, bildhaft und übersichtlich darstellt, kommt im Vergleichsshop eine reine Textwüste zum Einsatz. Es mag sein, dass diese Texte für Suchmaschinen interessant sind, aber den Neukunden schrecken sie an dieser Stelle ab. Gerade im Internet sollte ein Shop vor allem mit professioneller Optik überzeugen.

Machen Sie die Hauptsache zur Hauptsache: Verfassen Sie kurze und knackige Texte, um Ihre Angebote zu beschreiben. Detailinformationen gehören auf Unterseiten oder in PDF-Dateien zum Download. Erschlagen Sie Ihre Kunden nicht mit unwichtigen Randbemerkungen, die für das Verständnis Ihres Angebots nicht notwendig sind. Und vor allem: Zeigen Sie, was Sie zu bieten haben.

Bieten Sie als Dienstleister Fallstudien an, mit denen Sie einzelne Referenzprojekte näher beschreiben. So können Sie Ihre Vorgehensweise genau schildern und Hintergrundinformationen am praktischen Beispiel vermitteln. „Case Studies" eignen sich auch hervorragend, um Ihre Besucher zu unterhalten. „Infotainment" ist das Schlagwort, das selbst langweilige Produktpräsentationen zu einem kurzweiligen Vergnügen macht. Der Einsatz von Multimedia, Videobeiträgen, Interviews, Spielen oder interaktiven Elementen sollte vor allem für Anbieter hochwertiger Waren kein Tabu mehr sein. Das Internet bietet hier mittlerweile ausgereifte technische Möglichkeiten, die vor einigen Jahren nur in Hollywood-Filmen zu sehen waren.

Lassen Sie bei allem Bemühen um eine professionelle Präsentation aber auch die Kirche im Dorf! Orientieren Sie sich am Produkt und an der Zielgruppe. Wer eine teure Immobilie für mehrere Millionen Euro verkaufen will, sollte sich auch bei der Präsentation ein wenig Luxus gönnen. Beim Malermeister aus dem Hinterland, der Unternehmen für einen frischen Anstrich als Kunden gewinnen möchte, sind 3-D-Effekte und Videosequenzen nicht unbedingt nötig. Aber auch hier machen professionelle Fotos (vorher/nachher) und knackige Texte einen wichtigen Unterschied zum Wettbewerb aus, der vielleicht überhaupt keine Referenzprojekte darstellt.

Bei allem gilt: Übertreiben Sie es nicht! Es ist nicht das Ziel einer Website, wirklich alle Produkte und jeden einzelnen Kunden mit jeder noch so kleinen Referenz darzustellen. Nichts langweilt mehr, als eine Kundenliste mit 120 Einträgen lesen zu müssen oder sich durch 28 Unterseiten voller vergleichbarer Angebote zu klicken. Treffen Sie eine geeignete Auswahl, die den Kern Ihres Angebots optimal darstellt und bieten Sie über PDF-Dateien weiterführende Informationen an, die Ihre Kunden bei Interesse herunterladen können.

Runde 68 – Mit Testimonials Vertrauen erzeugen

„Der Wunsch ist zwar oft der Vater des Gedankens, aber recht selten die Mutter der Weisheit" sagt der deutsche Aphoristiker Werner Mitsch. Er zeigt damit, dass der Wunsch nach einer Weiterempfehlung noch lange nicht ausreicht, um damit auch wirklich Erfolg zu haben. Anscheinend gelingt es vielen Unternehmern nicht, aus zufriedenen Kunden aktive Weiterempfehlungen zu generieren. Dabei sind solche „Testimonials" gerade für kleine und mittelständische Unternehmen (KMU) eine kostengünstige Möglichkeit zur Neukunden-Akquise. Damit bezeichnet man landläufig die *„konkrete Fürsprache für ein Produkt oder eine Dienstleistung durch Personen, die sich als überzeugte Nutzer des Produkts oder der Dienstleistung ausgeben."* (Quelle: Wikipedia)

Aus psychologischer Sicht ist ein Testimonial sehr wichtig. Jeder Kauf trägt das Risiko einer Fehlentscheidung in sich. Dieses wahrgenommene Risiko steigt immer an, wenn wir uns neue Dinge kaufen, die wir selbst noch nicht kennen. Ein Testimonial zeigt uns, dass wir das Produkt ohne Risiko kaufen können. Selbst wenn wir kritisch und davon überzeugt sind, dass wir uns von nichts und niemanden beeinflussen lassen – wir können unser Unterbewusstsein einfach nicht ausschalten. Wenn es Testimonials gibt, werden diese positiv wirken.

Ich selbst habe mit der Weiterempfehlung von Kunden und Geschäftspartnern viele positive Erfahrungen gemacht. Folgende praktische Tipps helfen Ihnen, aus zufriedenen Kunden neue Geschäftsbeziehungen zu generieren:

Thematisieren Sie die Weiterempfehlung. Klingt vielleicht banal, aber haben Sie Ihre Kunden jemals gefragt, ob sie bereit wären, Sie an Bekannte und Geschäftspartner zu empfehlen? Manchmal sind die einfachen Ansätze schon der Schlüssel zur Lösung des Problems ...

Den richtigen Zeitpunkt wählen. Wenn der Kunde seine druckfrischen Flyer in Händen hält, einen schönen Abend im Restaurant verbracht hat, sich nach dem Besuch der Massagepraxis richtig wohl fühlt oder seine Zufriedenheit Ihnen gegenüber verbal zum Ausdruck bringt, dann ist der richtige Zeitpunkt gekommen. Schnappen Sie zu!

Weiterempfehlungen belohnen. Wer über einen bestehenden Kontakt einen neuen Kunden gewinnt, sollte sich dafür unbedingt bedanken! Ein Anruf oder eine nette Karte sind das Mindeste. Je nach Umsatz können auch ein Blumenstrauß, Konzertkarten oder sogar eine Provision fällig sein. Wer mir für eine Weiterempfehlung etwas schenkt, den werde ich auch weiterhin bei anderen ins Gespräch bringen. Gute Erfahrungen habe ich auch damit gemacht, meinen Kunden als Dankeschön einen kostenlosen Service anzubieten (Gestaltung von Werbemitteln, Gutschein für neue Dienstleistungen). Dadurch komme ich erneut ins Geschäft und der Kunde spart bares Geld.

Partnerschaften entwickeln. Häufig sind Kunden und Geschäftspartner eher bereit, eine Empfehlung auszusprechen, wenn sie zumindest innerlich am Unternehmen beteiligt sind. Geht es mir gut, geht es auch ihnen gut. Starke Symbiosen (Partnerschaften, Netzwerke) sorgen für Zusammenhalt und für neue Aufträge. Das bedeutet vor allem, auch meine Kunden selbst weiterzuempfehlen („Empfiehlst Du mich, empfehl' ich Dich!").

Zufriedenheit des Kunden in Wort und Bild festhalten. Eine der Möglichkeiten, aus zufriedenen Kunden neue Aufträge zu generieren, besteht darin, die Meinungen und (positiven) Empfindungen in Wort und Bild, vielleicht sogar als kurzen Videoclip festzuhalten.

Runde 69 – Testimonial-Stolperfallen vermeiden

„Tue Gutes und rede darüber!" kann auch bedeuten „Tue Gutes und lass deine Kunden darüber reden!". Doch es genügt nicht, wenn Kunden nur mit mir reden, sie sollten natürlich auch mit meinen potenziellen Neukunden sprechen, um Vertrauen aufzubauen und damit langfristig für neue Aufträge zu sorgen. Vor allem die eigene Internetseite bietet sich an, um Testimonials von zufriedenen Kunden einzusetzen. Hier mal ein Beispiel eines Geschäftspartners von mir:

> *Wir haben Herrn Mahanty als zuverlässigen und kompetenten Geschäftspartner kennengelernt. Seine langjährige berufliche Expertise im nationalen wie im internationalen Kontext sowie seine konzeptionelle Weitsichtigkeit leisteten unersetzliche Dienste bei der erfolgreichen Erarbeitung unserer Marketing- und Vertriebsstrategien. Wir als Spezialisten im Bereich des Lean Managements sowie der Geschäftsprozess- und Technologieberatung wussten vor allem Herrn Mahantys zielgerichtetes und ergebnisorientiertes Vorgehen bei der gemeinsamen Ideenentwicklung sehr zu schätzen. Seine Offenheit und Ehrlichkeit sorgten für ein angenehmes und produktives Arbeitsklima.*
>
> Panagiotis Lampropoulos
> KTC – Karlsruhe Technology Consulting GmbH

So ein Testimonial verschafft eine ganze Reihe von Vorteilen:

- Ich muss niemandem erzählen, was ich für ein toller Hecht bin. – Das macht mein Kunde.
- Ich muss keine eigene PR-Sülze verbreiten, sondern ich kommuniziere den O-Ton meines Kunden.*
- Ich bringe Abwechslung und neue Gesichter (zum Teil sehr ansehnliche) auf meine Website.
- Ich muss mich nicht um den Aufbau von Vertrauen mühen, sondern erreiche dieses Ziel indirekt durch die öffentliche Fürsprache.

** Zugegeben: Nicht immer ist es ein Original-Ton. Einige meiner Kunden haben mir Stichworte gegeben oder mir ihre Meinung am Telefon gesagt, die ich dann niedergeschrieben und mir habe freigeben lassen. Aber mal abgesehen von der Textung sind immer das Einverständnis und die Zustimmung zum Gesagten nötig, sonst kann die Geschichte nur nach hinten losgehen!*

Es gibt also „Stolperfallen" und „Fettnäpfchen": Der Einsatz von Testimonials kann auch Schaden für das eigene Unternehmen anrichten und das Gegenteil dessen bewirken, was eigentlich erzielt werden sollte:

Anonyme Testimonials. Ich finde nichts unseriöser als wenn „Herr B. aus L." in höchsten Tönen für die Vorzüge des Dienstleisters XY schwärmt. Noch schlimmer ist es, Texte, die vor PR-Sprache triefen, ganz ohne Namens- oder Firmenbezeichnung zu veröffentlichen. Bei meinen Testimonials können Interessierte sich einen echten Eindruck verschaffen und gegebenenfalls beim Kunden anrufen, um sich über die Zusammenarbeit zu informieren. Wo eine Nennung des Namens (aus welchen Gründen auch immer) nicht möglich ist, empfehle ich, auf den Einsatz von Testimonials zu verzichten. Noch besser ist es, wenn die Kunden bereit sind, dass ein Foto von Ihnen veröffentlicht wird. Das erzeugt noch stärkeres Vertrauen beim Leser.

Testimonial-Sammlungen. Es geht nicht um eine Trophäenschau. Wer eine Seite innerhalb seiner Internetpräsenz einrichtet und dort 82 Testimonials lieblos untereinander schreibt, der vergeudet die gute Idee; denn niemand liest sich die Bewertungen durch. Besser ist es, Testimonials auf den verschiedenen Unterseiten zu verteilen und passend zu den Inhalten zu gestalten. So werden die Empfehlungen in „kleinen Häppchen" verabreicht und können ihre volle Wirkung erzielen.

Rechtschreibung und Qualität. Wer ein Testimonial veröffentlicht, das vor Fehlern nur so strotzt, tut weder sich selbst noch seinem Kunden einen Gefallen. Gleiches gilt für Grammatik, Ausdruck und Verständlichkeit. Ein wenig Feintuning muss sein, damit ein Testimonial wirkt. Sofern Fotos, Logos des Unternehmens oder andere Grafiken im Zusammenhang mit der Empfehlung verwendet werden, sollten diese ebenfalls eine sehr gute Qualität haben. Ein Lob ist nur halb soviel wert, wenn es lieblos formuliert wird. Ebenso verliert das Testimonial seine Wirkung, wenn die Qualität der Darstellung nicht professionell genug ist.

Runde 70 – Wirksame Texte im WWW

Das Internet ist ein sehr schnelles Medium. Fast so schnell wie der Hase, der auf dem Steckrübenfeld seine Runden dreht und damit den Igel besiegen möchte. Aktuelle Studien belegen, dass das WWW zum größten Teil zur Recherche nach relevanten Informationen genutzt wird. Wer sucht, der möchte finden – und zwar schnell. Deshalb sind lange und unübersichtliche Texte das größte Hindernis, direkt zum Ziel zu kommen.

Sie müssen Ihre Inhalte kurz, knackig und unterhaltsam präsentieren, um auf Ihren Leser eine Wirkung auszuüben. Es gibt Texte, bei denen ich schon nach den ersten zwei Sätzen eingeschlafen bin. Nichts langweilt mehr als Textwüsten ohne Struktur und ohne Pfiff. Doch warum ist das häufig so? Der Grund ist einfach. Während bei Zeitungen ausgebildete Journalisten die Texte schreiben, sind im Internet vielfach Amateure unterwegs, die sich mit Dingen wie leseorientiertem Schreiben, Aufbau einer Meldung, verständlicher Sprache etc. wenig beschäftigen. Sehr häufig wurden die Textarbeiten vom Programmierer der Website einfach „nebenbei mit erledigt". Nicht nur mir als studiertem Germanisten stehen dann die (wenigen) Haare zu Berge – erfordert doch gerade die Schreibe fürs Internet hohe fachliche Kompetenz.

Saim Rolf Alkan zeigt in seinem Buch *„1 × 1 für Online-Redakteure und Online-Texter"* wichtige Aspekte webgerechten Schreibens auf:
„Das Internet bietet eine multimediale Fülle unkonventioneller Präsentationsformen und erlaubt, wie es scheint, größere Unbefangenheit beim Schreiben. Der Schein trügt. Texten im Internet ist nicht ohne Konventionen. Im Gegenteil. Auch im Internet haben Texte journalistischen Standards zu genügen. So groß die Möglichkeiten der multimedialen Aufbereitung im Internet sind – die Texte selbst werden streng nach Konstruktionsprinzipien formatiert.

Schön wäre es, wenn der frischgebackene Web-Autor nun einfach einen einschlägigen Ratgeber für Journalisten zur Hand nehmen und die darin enthaltenen Ratschläge eins zu eins auf das Web übertragen könnte. Aber weit gefehlt! (...) Die Standards journalistischer Arbeit lassen sich im Internet nicht ignorieren, sie lassen sich aber auch nicht unmodifiziert anwenden. Woran kann man sich also halten?"

Das webgerechte Schreiben hat nach Alkan vier Dimensionen:
1. Der Text selbst, das Textmodul (Headline, Teaser und Fließtext), wird bearbeitet. Der Text wird modularisiert, in mehrere für sich stehende Informationseinheiten aufgebrochen und usergerecht konstruiert.
2. Webgerechtes Schreiben erfordert eine prägnant informierende Sprache.
3. Schreiben im Internet ist grafisches Schreiben, das die Scannbarkeit im Layout und in der Typografie von vornherein berücksichtigt.

4. Es gilt, thematisch zusammenhängende Info-Module (darunter Textmodule) zu einem Hypertext zu verlinken. Texten im Internet ist also auch hypertexten.

Überlegen Sie sich eine knackige Überschrift, einen guten Aufhänger für Ihren Text. Vermitteln Sie in einer verständlichen und aktiven Sprache die wesentlichen Kernaussagen. Vermeiden Sie Phrasen. Verzichten Sie auf „man“. Verwenden Sie nicht zu viele Hauptwörter. Nehmen Sie Abstand vom Passiv. Verwenden Sie hingegen viele Verben, abwechslungsreiche Adjektive und eine lebendige Ausdrucksweise.

Wenn Sie regelmäßig fürs Internet texten möchten (etwa als Blogger oder Autor), empfehle ich den Besuch einer Schreibwerkstatt oder eines Intensiv-Seminars zu diesem Thema. Letztlich macht immer die Übung den Meister, denn der fällt ja bekanntlich nicht vom Himmel.

Ein weiterer Faktor für wirksame Texte im Internet ist, diese mit Schlüsselbegriffen für Suchmaschinen aufzubereiten. Wie wir in den Runden zur Suchmaschinen-Optimierung gelesen haben, ist es für Google & Co. absolut wichtig, dass relevante Schlüsselbegriffe auch im Seitentext vorkommen. Es ist daher unverzichtbar, dass Sie Ihre Texte auch für Suchmaschinen schreiben.

Der eigentliche Spagat, den ein Online-Texter oder Redakteur hinbekommen muss, ist der zwischen einer erfolgreichen Werbung einerseits und einer Optimierung Ihrer Website für die Suchmaschinen andererseits. Was nützt es Ihnen, wenn Sie mit einer trickreichen Wortwahl zwar das Werbeziel erreichen könnten, letztlich jedoch scheitern, weil keiner Ihre Internetpräsenz findet? „Texten im Web“ bedeutet also, zwei Zielgruppen gleichzeitig im Blickfeld zu halten – auf der einen Seite Ihre potenziellen Kunden (aus Fleisch und Blut), auf der anderen Seite Google & Co.

Tatsächlich stehen wir häufig vor dem „Problem", einen Satz besonders schön schreiben zu wollen, ohne dass er jedoch die für Sie eigentlich optimalen Keywords enthält. Die Herausforderung schließlich besteht darin, eine Alternative auszuwählen, die sowohl werbetechnisch hochwertig ist als auch die Suchmaschinen-relevanten Schlüsselwörter enthält. Aus diesem Grunde empfehle ich Ihnen, bei besonders wichtigen Texten die Dienste eines professionellen Werbetexters in Anspruch zu nehmen.

Meine Erfahrung ist, dass sich Texte, die professionell für Suchmaschinen auf bestimmte Begriffe hin optimiert sind, automatisch flüssiger lesen lassen. Die Fokussierung auf eine bestimmte Anzahl von sogenannten „Keywords" macht einen Text einheitlicher und verliert sich nicht in Details. Insofern kommt diese Methode auch Ihren Lesern zugute.

Runde 71 – Texte nach dem AIDA-Prinzip

In der Presse- und Öffentlichkeitsarbeit ist das sogenannte „AIDA-Prinzip" schon fast eine Legende. Obwohl sich auch andere Formeln für das erfolgreiche Texten etabliert haben, ist dieses Schema nach wie vor äußerst populär. Daher empfehle ich, auch beim Texten für das Internet diese vier Buchstaben stets im Hinterkopf zu bewahren. AIDA steht für „**A**ttention" (Aufmerksamkeit erzeugen), „**I**nterest" (Interesse wecken), „**D**esire" (Verlangen hervorrufen) und „**A**ction" (Handlung auslösen).

Die AIDA-Formel spielt ganz bewusst mit der Psychologie Ihrer potenziellen Kunden – das Prinzip dahinter ist eigentlich recht einfach: Es geht darum, unser natürliches Verhalten gezielt mit sprachlichen Mitteln und Bildern so zu beeinflussen, dass das Produkt am Ende gekauft wird oder eine Kontaktaufnahme erfolgt. Das Internet unterscheidet sich in dieser Hinsicht kaum von anderen Medien.

Textbeispiel nach dem AIDA-Prinzip (http://www.sibitzki.de)

Attention (Aufmerksamkeit erzeugen):

Büroservice Monika Sibitzki
Ich habe die Lizenz zum Aufräumen!

Interest (Interesse wecken):

Geht es Ihnen auch wie vielen meiner Kunden?

- *„Wo ist denn jetzt schon wieder ...?"*
- *„Morgen kümmere ich mich bestimmt um die Steuererklärung!"*
- *„Hat Herr Müller seine Rechnung schon bezahlt?"*
- *„Endlich Feierabend – wenn nur der lästige Bürokram nicht wäre!"*

Desire (Verlangen hervorrufen):

Als zuverlässige Bürohilfe engagiere ich mich für Sie, um Licht in Ihren Datendschungel zu bringen. Ich habe die Lizenz zum Aufräumen und zeige Ihnen, wie Sie mit mehr Ordnung und Struktur Ihre Abläufe optimieren und damit Ihren Erfolg steigern können.

Ich kümmere mich um Ihren Büroservice, übernehme Text- und Schreibarbeiten und biete verschiedene Seminare zum Thema Büro- und Ablauforganisation an. Ich coache und begleite Sie (unter anderem bei Bewerbungen) und helfe Ihnen, nicht im Chaos zu versinken.

Action (Handlung auslösen):

Lernen Sie mich auf diesen Seiten kennen und entdecken Sie viele nützliche Tipps rund ums Büro und andere Aufgabenbereiche. Vereinbaren Sie gleich einen Termin zu einem unverbindlichen Erstgespräch: 05423/20 44 800.

Wie Sie sehen, erzeugt ein kurzer Slogan zunächst Aufmerksamkeit, um den Leser „bei der Stange" zu halten (dies geschieht auf der Website von Frau Sibitzki in Verbindung mit einer gezielten Bildauswahl). Anschließend werden die Probleme im täglichen Büroalltag geschildert, um schließlich das Verlangen nach einer Lösung hervorzurufen. Auch das Prinzip der erleichterten Kontaktaufnahme wird durch die Handlungsaufforderung im letzten Absatz konsequent umgesetzt.

Wie Sie diesem Beispiel zusätzlich entnehmen können, lege ich Wert auf einen schlüssigen und verständlichen Schreibstil. Ein allzu komplizierter Text ist höchstens in bestimmten Fachkreisen sinnvoll; in der Werbung gilt jedoch das sogenannte KISS-Prinzip, dessen Buchstaben für „**K**eep **I**t **S**hort and **S**imple“ stehen.

Die Prinzipien der Werbung haben sich über die Jahre und Jahrzehnte nicht wesentlich geändert, auch wenn sicherlich einige Trends kommen und gehen oder in abgewandelter Form wieder verwendet werden. Beispielsweise wurde die AIDA-Formel irgendwann erweitert – nach dem D enthält sie in dieser Variante zusätzlich ein C, das für „Conviction“ (Überzeugung) steht. Auch das sogenannte AAPPA-Prinzip findet im Online-Marketing recht häufig Anwendung (**A**ttention – **A**dvantage – **P**rove a fact – **P**ersuade People – **A**ction). Wenn Sie auf Testimonials (Runde 68) stoßen, entspricht der Textaufbau häufig dieser Formel.

Egal, an welcher dieser Methoden Sie Ihre Texte im Web ausrichten – nutzen Sie diese Leitplanken als Hilfestellung, um den Leser sicher durch Ihre Seiten zu führen. Wenn Sie mehr über dieses Thema erfahren möchten, empfehle ich Ihnen das Buch „Texten im Web“ von Andreas Grede.

Runde 72 – Erfolge kommunizieren

Wie heißt es doch so schön? „Tue Gutes und rede darüber!“ – Auch im Internet halte ich diesen Ausspruch für wichtig. Viel zu häufig hören wir nur das Wehklagen und Jammern, wenn etwas nicht so gut läuft. Doch wer traut sich, auch Erfolge im Online-Marketing mitzuteilen? Mich persönlich ermutigen solche Berichte. Wer mit seiner Internetseite neue Kunden gewinnt, braucht damit vielleicht nicht gleich protzig anzugeben, kann diesen Faktor aber im Sinne der digitalen Reputation trotzdem sinnvoll nutzen.

Wenn wir über Neukunden-Akquise sprechen, dann erzählen wir meistens von unseren Produkten oder Dienstleistungen. Wir bleiben bei uns. Darin sind wir gut, damit kennen wir uns aus. Ich möchte Sie in diesem Kapitel dazu herausfordern, einmal die Perspektive zu wechseln.

In der sogenannten „Kundenerfolgsstrategie“ geht es darum, die eigenen Kunden erfolgreich zu machen, um gegebenenfalls am Erfolg zu partizipieren. Überlegen Sie doch mal, wie Sie einen Ihrer Kunden oder Geschäftspartner – unabhängig von Ihren Leistungen – erfolgreich machen können.

Beispiel: Verkauf von Industrie-Kaffeemaschinen
Ein Verkäufer von Industrie-Kaffeemaschinen sitzt beim Friseur und bekommt mit, dass dieser zurzeit eine regelrechte Flaute erlebt. Der Verkäufer bietet an, durch seine guten Kontakte zur regionalen Presse in Form eines Artikels für ein wenig Aufmerksamkeit zu sorgen. Er überzeugt den Friseur, mit einem besonderen Angebot zum Frühjahr neue Kunden anzulocken. Die Aktion hat Erfolg, der Friseur kann in der Tat neue – vor allem weibliche – Kundschaft aus der Stadt in seinem Laden begrüßen. Meinen Sie, dass der Verkäufer durch seine Hilfe nun eine Industrie-Kaffeemaschine an den Friseur verkaufen kann? Diese wäre viel zu groß für den kleinen Laden. Doch was glauben Sie, wie vielen Menschen der Friseur in den kommenden Monaten erzählt, wem er die Publicity zu verdanken hat? Am Ende zahlt sich der Einsatz des Verkäufers also doch aus.

Wenn es darum geht, Erfolge im Internet zu kommunizieren, dann werden Sie davon im ersten Moment nichts haben. Womöglich geben Sie sogar Ihren Wettbewerbern gute Tipps, wie diese das Internet ebenfalls zur Neukunden-Gewinnung nutzen können. Doch wer bei dieser Sorge nicht gut schlafen kann, denkt nicht wie ein Igel. Er hat noch immer nicht verstanden, dass der Wettlauf nicht mit den langen Beinen des Hasen, sondern mit dem Köpfchen entschieden wird.

Wenn Sie Ihre Website einem Relaunch unterziehen, dann schreiben Sie darüber, was Sie sich bei den einzelnen Punkten gedacht haben. Kommunizieren Sie den Sinn einer übersichtlichen, informativen und aktuellen Internetseite. Machen Sie Ihren Kunden und potenziellen Interessenten Lust, sich näher mit Ihren Angeboten zu beschäftigen.

Wenn Sie für Ihre Website höhere Zugriffszahlen feststellen, dann kommunizieren Sie, dass Ihre Angebote stärker als bisher nachgefragt werden. Sie zeigen Ihren Besuchern, dass diese sich in bester Gesellschaft befinden, und stärken deren Identifikation. Wer sitzt schon gerne einsam in einem leeren Restaurant? Nicht umsonst bieten zahlreiche Online-Plattformen die Statistik, wie viele Besucher zur gleichen Zeit online sind. Schaffen Sie dadurch ein Gefühl für Gemeinschaft. Mit speziellen Funktionen (Chat, Kurznachrichten) können Sie sogar einen Austausch zwischen den aktuellen Besuchern Ihrer Website ermöglichen.

Wenn Sie über das Internet Kunden gewinnen, dann sprechen Sie darüber. Zeigen Sie Ihren Geschäftspartnern und Netzwerk-Kontakten, dass sich Online-Marketing lohnt und welche Schritte dafür nötig waren. Sie glauben gar nicht, wie sich diese Informationen und Hilfestellungen an anderer Stelle auszahlen werden.

Was genau ist denn Erfolg? Welche Besucherzahlen sind für mich erfolgreich oder nicht erfolgreich? Habe ich Erfolg, wenn ich einen neuen Kunden pro Monat gewinne oder zehn Kunden pro Tag? Diese Entscheidung müssen Sie alleine treffen. Je nach Branche, Ihrer Unternehmensgröße und der Anzahl von potenziellen Interessenten werden sich die Zahlen unterscheiden. Manche Unternehmen sind mit 500 Besuchern auf der Website im Monat zufrieden, sofern einige von ihnen auch tatsächlich Kontakt aufnehmen. Andere freuen sich über eine virtuell organisierte Veranstaltung mit zehn Teilnehmern, zu der im letzten Jahr nur drei Unternehmer gekommen sind.

Wieder andere brauchen jeden Monat 20.000 Euro Umsatz aus ihrem Online-Shop, um von Erfolg sprechen zu können.

Egal, wie Sie Ihren Erfolg definieren – setzen Sie sich Ziele, entwickeln Sie Strategien, um diese Ziele umzusetzen, und sprechen Sie darüber, wenn es geklappt hat. Erfolg steckt an – wenn Sie Ihre Erfolge kommunizieren. Sie werden für Ihre Kunden noch attraktiver, denn fast alle suchen Erfolg und schauen sich die Erfolge anderer gerne an (die Psychologen unter Ihnen wüssten das Phänomen sicher zu beschreiben).

Hausaufgabe für heute: Überlegen Sie noch einmal, wo Sie Ihren Erfolg kommunizieren können. Auf Ihrer Website, im Newsletter, auf XING, in Twitter … setzen Sie diese Liste weiter fort, schreiben und sprechen Sie über Ihren Erfolg und werden Sie noch erfolgreicher – Sie werden es erleben!

Runde 73 – Erfolge feiern

Beim vierundsiebzigsten Male aber kam der Hase nicht mehr ans Ziel. Mitten auf dem Acker fiel er zu Boden, das Blut floß ihm aus der Nase, und er blieb tot liegen. Der Igel aber nahm seinen gewonnenen Golddukaten und die Flasche Branntwein, rief seine Frau von ihrem Platz am Ende der Furche, und vergnügt gingen beide nach Hause. Und wenn sie nicht gestorben sind, leben sie noch heute.

Angekommen. Sie haben Ihr Ziel erreicht. Neue Kunden über das Internet sind kein Wunschtraum mehr. Sie haben beim Wettlauf auf dem virtuellen Steckrübenfeld gesiegt. Dass Sie bis zum Schluss durchgehalten haben, muss gefeiert werden. Ob es unbedingt die Flasche Branntwein sein muss, will ich gerne Ihnen überlassen. Aber verzichten Sie nicht darauf, sich nach getaner Arbeit auch mal zu belohnen.

Feiern Sie mit Ihren Mitarbeitern. Nutzen Sie den Erfolg, um die Identifikation Ihrer Mitarbeiter mit dem Unternehmen zu stärken. Zeigen Sie Ihrer Mannschaft, welche Maßnahmen Sie umgesetzt haben und welchen Anteil das Internet an der erfolgreichen Neukunden-Akquise hat. Sofern Sie nicht schon vorher mit Ihrem Team über diese Details gesprochen haben, sollten Sie das Fest zum Anlass nehmen, die anderen mit ins Boot zu holen.

Wenn Sie alleine arbeiten („One-Man-Show"), feiern Sie mit Ihrer Familie, Ihren Freunden oder guten Geschäftspartnern. Sicherlich verfügen Sie über ein kleines Netzwerk an befreundeten Unternehmern, die für Sie einen ähnlichen Stellenwert haben wie feste Mitarbeiter.

Feiern Sie mit Ihrer Agentur. Ich will ganz ehrlich mit Ihnen sein: Gute Arbeit muss gut bezahlt werden. Doch Geld allein ist nicht alles. Wir haben einige der wunderbarsten Kunden der Welt – sie wertschätzen unsere Arbeit und bedanken sich. Einige rufen an und teilen mir ihre Zufriedenheit mit. Andere senden ein Paket mit Süßigkeiten und kleinen Überraschungen. Wieder andere empfehlen uns aktiv weiter und sorgen dadurch für neue Kunden. Sie können sich nicht vorstellen, welche Motivation Sie bei Ihrem Dienstleister auslösen, wenn Sie Ihren Erfolg gemeinsam feiern. Sie können sicher sein, dass die nächsten Kapitel Ihrer Zusammenarbeit noch eindrucksvoller geschrieben werden.

Feiern Sie mit Ihren Kunden. Bieten Sie Ihren (potenziellen) Kunden kleine Geschenke und Überraschungen an, um sich für den Erfolg zu bedanken. Ein besonderer Rabatt auf angebotene Produkte, kleine Beigaben zur Bestellung über das Internet oder Extra-Leistungen sorgen für zufriedene Gesichter. So wird der nächste Einkauf im Online-Shop oder die nächste Bestellung zum Vergnügen.

Feiern Sie mit mir. Sie haben mich in den vergangenen 73 Runden (und auch in den Kapiteln davor) ein wenig kennengelernt. Vielleicht haben Sie gespürt, dass ich ein hohes Interesse daran habe, andere Unternehmer im Internet erfolgreich zu machen. Sehr gerne höre ich von Ihnen, welche Erfolge Sie feiern können und inwieweit dieses Buch dazu beigetragen hat. Gerade dieses Miteinander macht doch das „Web 2.0" erst so richtig spannend!

Checkliste „Aus Besuchern Kunden machen"

	Fragen	Ja	Nein	Notizen
1.	Haben Sie sich (mithilfe von Google Analytics) darüber informiert, wie sich die Besucherzahlen und Konversionen entwickeln?			
2.	Haben Sie die wesentlichen Maßgaben einer benutzerfreundlichen Website beachtet?			
3.	Ist es für Ihre potenziellen Kunden ein Leichtes, Kontakt zu Ihnen aufzunehmen?			
4.	Haben Sie ausreichend dafür gesorgt, dass Kontakte auch erfasst und nachbearbeitet werden?			
5.	Haben Sie Ihre Projekte und Produkte professionell präsentiert?			
6.	Nutzen Sie bereits Testimonials, mit denen Ihre Kunden für Sie werben?			
7.	Wissen Sie, wie Sie die Texte auf Ihrer Internetseite noch wirksamer machen?			
8.	Sind Ihnen die gängigsten Methoden zur Aufbereitung von professionellen Werbetexten geläufig?			
9.	Sind Sie bereits soweit, Ihr Dasein als Mauerblümchen im Internet aufzugeben, um Ihre Erfolge wie ein stolzer Schwan zu präsentieren?			
10.	Haben Sie sich entschieden, ob Sie Ihre Sahnetorte bei einem richtigen „Konditor" backen lassen oder den virtuellen Teig nun selbst kneten möchten?			

Checkliste „Aus Besuchern Kunden machen" (Fortsetzung)

	Fragen	Ja	Nein	Notizen
11.	Sind Sie auf den Geschmack gekommen und wollen in Zukunft ein deutlich größeres Stück vom Web-Kuchen abbekommen?			
12.	Besitzen Sie den langen Atem, um im Internet beständig und nachhaltig „abzuräumen"?			
13.	Ganz wichtig: Haben Sie jetzt wenigstens schon einmal Ihre Erfolge gefeiert (und sei es nur, dass Sie dieses Buch erfolgreich gelesen haben)?			
14.	Hat Ihnen das Lesen des Igel-Faktors Spaß gemacht und zu verwertbaren Einsichten geführt? (Wenn ja, empfehlen Sie das Buch bitte ruhig weiter!)			

10. Nachwort/Ausblick

Ich bin wirklich stolz auf Sie. Wenn Sie nicht „gemogelt“ haben, liegen jetzt 73 Runden auf dem virtuellen Steckrübenfeld hinter Ihnen. Sie haben erfahren, wie sich die Denke von Hase und Igel unterscheiden. Sie wissen, welche Stärken der Hase besitzt und welche Stärken beim Igel zum Tragen kommen. Sie haben verstanden, wieso die Schlauheit des Igels auch im Online-Marketing viel wichtiger ist als die langen Beine des Hasen.

Sie kennen nun die Voraussetzungen für eine erfolgreiche Internetseite. Sie wissen, wieso eine klare Profilierung, die Auswahl der geeigneten Zielgruppe und die Benutzerfreundlichkeit Ihrer Website so wichtig sind, um im Internet neue Kunden zu gewinnen. Sie wissen, wieso es nicht hilft, sich zu verstecken. Auf die Sichtbarkeit kommt es an. Vielleicht erinnern Sie sich noch an mein Planetenmodell. Ich hoffe, dass ich Ihnen im Verlauf des Buches einige Beispiele für neue Himmelskörper geben konnte. So bietet vor allem das sogenannte „Web 2.0“ eine Menge an innovativen Funktionen, mit denen Sie Ihren Wettbewerb hinter sich lassen.

Im Bereich der Suchmaschinen-Optimierung haben Sie entdeckt, welche Faktoren Ihnen gute Positionen bei Google & Co. bescheren. Sie wissen nun, dass es auf ausgezeichnete Inhalte ankommt, um von anderen automatisch empfohlen und verlinkt zu werden. Sie haben vielleicht auch gemerkt, dass Suchmaschinen-Optimierung kein Spaziergang, sondern ein harter und langer Wettlauf um die besten Plätze ist. Selbst wenn Sie es wie der Igel machen, müssen Sie noch langen Atem beweisen.

Vielleicht haben Sie auch schon vor dem Lesen dieses Buches ein Content Management System verwendet. Sie wissen nun, welche Vorteile diese bei der Neukunden-Gewinnung und Positionierung Ihrer Website in Suchmaschinen bieten. Ob es sich dabei um ein Weblog, einen Online-Auftritt Ihres Unternehmens oder einen modernen Videocast handelt, spielt bei der Auswahl der geeigneten Software sicher eine tragende Rolle.

Neben den technischen Aspekten Ihrer Internetseite haben Sie aber auch erfahren, wie wichtig eine positive digitale Reputation ist und wie Sie diese noch weiter verstärken können. Jeden Tag ein bisschen Zeit für Networking, fachlichen Austausch und die Selbstdarstellung als Experte wirkt langfristig Wunder. So kommen neue Kunden automatisch zu Ihnen, ohne dass Sie „Klinken putzen“ müssen.

Wenn Sie die vorgestellten Maßnahmen umgesetzt haben, gibt es auf jeden Fall etwas zu feiern. Sie messen die gestiegenen Besucherzahlen und freuen sich über die positiven Rückmeldungen. Kommunizieren und feiern Sie diese Erfolge, wie im Schlussspurt beschrieben.

Ich hoffe, dass Sie einen guten Rundum-Blick über die Möglichkeiten der Selbstdarstellung im Internet gewinnen konnten. Doch ein Buch wie dieses muss auch mit Einschränkungen leben. Nicht in jedem Bereich konnte ich in die Tiefe gehen. Manche Themen habe ich nur oberflächlich angekratzt, andere stark verkürzt. Der Igel-Faktor erhebt keinen Anspruch auf Vollständigkeit. Er fordert Sie zum Weiterdenken heraus.

Ebenfalls bietet ein Buch über das Internet keine verlässliche Aktualität. Wenn ich das Manuskript in wenigen Tagen in den Satz und schließlich in den Druck gebe, werden einige Fakten schon überholt sein. Das WWW ist ein sehr schnelles Medium. Zitierte Internetseiten existieren vielleicht nicht mehr. Beschriebene Online-Werkzeuge haben Ihren Dienst eingestellt. Technische Zusammenhänge sind in einigen Monaten überholt, weil Software mit neuen Funktionen auf den Markt kommt.

Um Ihnen ein Mindestmaß an Aktualität zu bieten und gleichzeitig mit Ihnen ins Gespräch über den Igel-Faktor zu kommen, haben wir unter *http://www.igel-faktor.de* ein Weblog eingerichtet, in dem ich Sie weiter auf dem Laufenden halte. Sie können dort über die Kommentarfunktion Fragen stellen, von mir und anderen Lesern Antworten erhalten und dabei mitverfolgen, was sich im Internet Neues tut. Ich freue mich sehr auf Ihren Besuch – mein virtuelles Steckrübenfeld steht 24 Stunden am Tag, sieben Tage die Woche für Sie offen. Und auch, wenn Sie „krumme Beine“ haben, sind Sie ganz herzlich willkommen!

Zahlenwerke/Danksagung

195 Seiten in Word, 55.011 Wörter, 389.482 Zeichen, 1.670 Absätze, 6.597 Zeilen, gute 11 Monate mit Igelgeschichten und Hasengeheimnissen im Kopf, 9 (zum Teil sehr lange) Telefonate mit dem Verlag, 11 neue Anläufe, die Kapitel zu strukturieren, 2 Wochen Schreiburlaub in Dänemark, 5 geplante und wieder abgesagte Schreibtage im hektischen Agenturalltag, 8 weitere (nicht wieder abgesagte) Buchtage trotz hektischen Agenturalltags, 1 Woche Aufschub für die Manuskript-Abgabe, viele sehr geduldige Lektoren, weitere 3 Wochen Aufschub für die Überarbeitung des Manuskripts, 101 Fragen in 9 Checklisten, 73 Runden mit praktischen Tipps und Tricks zur Neukunden-Gewinnung im Internet ...

Ich könnte an dieser Stelle weitere Zahlen, Daten und Fakten liefern. Ich bin überwältigt, dass ich diese Summen nicht alle stemmen musste. Alleine hätte ich dieses Buch nicht auf den Weg gebracht.

Ich bedanke mich daher ganz herzlich beim Business Village-Verlag aus Göttingen, allen voran bei Christian Hoffmann für die Herausforderung und Geduld, bei meiner Frau Sharon für den gemeinsamen Schreiburlaub und ihre Unterstützung in allem (Ich liebe dich!), bei meiner Assistentin Sandra Sorhage, die mir in der Agentur den Rücken freigehalten hat, bei meinem Online-Redakteur René Gast, der neuen Input gebracht und alten Output überarbeitet hat, bei Henning Franke, dem ich die Vorlage fürs Titelbild und das schicke Cover zu verdanken habe, bei Hendrik Granna, der das Titelbild überarbeitet hat, bei Quoc Le Duong, der weitere Zeichnungen angefertigt und das Abbildungsverzeichnis erstellt hat, bei Dragutin Lipohar, Frank Michna, Kilian Siebel, Hans Malkow, Katharina Busse, Gabi Aboud, Anika Zörner und Silke Wiegmann fürs Korrekturlesen, bei Wolfgang Mahanty, Klaus Eck, Joachim Rumohr und Markus Gehlken für die Interviews, bei Monika Sibitzki, der ASS Schädlingsbekämpfung, EDEKA otto, dem Partyservice Pohlmann, Ralf Springhorn, der Hadenfeldt GmbH und ADRA Deutschland für gute Beispiele, bei meinen Kunden, die manche Tage auf mich verzichten mussten, und nicht zuletzt bei Ihnen, dem geneigten Leser, der bis zur letzten Zeile dieses Buches durchgehalten zu haben scheint.

Wenn Sie allerdings einer von der Sorte sind, die ihre Lektüre bei der Danksagung beginnen, dann wünsche ich Ihnen nun eine angenehme Zeit.

Machen Sie das Beste daraus – viel Erfolg in der Neukunden-Gewinnung!

Herzlichst,

Löhne, im Frühsommer 2009

Literatur zum Weiterlesen

Alkan, Saim Rolf: 1 × 1 für Online-Redakteure und Online-Texter: Einstieg in den Online-Journalismus. BusinessVillage, Göttingen 2009.

Beck, Alexander: Google AdWords. Mitp, Frechen 2008.

Busch, Carsten: Die Kunst der Markenführung – Aufbau, Pflege und Bewertung von Marken. BusinessVillage, Göttingen 2009.

Dannenberg, Marius; Wildschütz, Frank: Erfolgreiche Online-Werbung: Werbekampagnen planen, umsetzen, auswerten. BusinessVillage, Göttingen 2006.

Ebert, Bastian: Erfolgreicher Bloggen. Suchmaschinenoptimierung und Marketing für WordPress. Books On Demand, Norderstedt 2007.

Eck, Klaus: Corporate Blogs. Unternehmen im Online-Dialog zum Kunden. Orell füssli Verlag, Zürich 2007.

Eck, Klaus: Karrierefalle Internet. Managen Sie Ihre Online-Reputation, bevor andere es tun! Hanser Wirtschaft, München 2008.

Eisinger, Thomas u. a.: Performance-Marketing: Onlinewerbung – messbar, transparent, erfolgsorientiert. BusinessVillage, Göttingen 2006.

Erlhofer, Sebastian: Suchmaschinen-Optimierung für Webentwickler: Funktionsweisen von Google & Co. Ranking-Optimierung und Usability. Galileo Press, Bonn 2008.

Fischer, Mario: Website Boosting 2.0: Suchmaschinen-Optimierung, Usability, Online-Marketing. Mitp-Verlag, Heidelberg 2008.

Friedman, Vitaly: Praxisbuch Web 2.0. Galileo Press, 2007.

Friedrich, Kerstin: Erfolgreich durch Spezialisierung. Kompetenz entwickeln/ Kerngeschäft ausbauen/Konkurrenz überholen. Redline Wirtschaft, Heidelberg 2007.

Godau, Miriam; Ripanti, Marco: Online-Communitys im Web 2.0: So funktionieren im Mitmachnetz Aufbau, Betrieb und Vermarktung. BusinessVillage, Göttingen 2008.

Grede, Andreas: Texten für das Web: Erfolgreich werben, erfolgreich verkaufen. Hanser, München 2003.

Hoffmann, Manuela: Modernes Webdesign: Gestaltungsprinzipien, Webstandards, Praxis. Galileo Press, Bonn 2008.

Lutz, Andreas: Xing optimal nutzen: Geschäftskontakte – Aufträge – Jobs. So zahlt sich Networking im Internet aus. Linde, Wien 2008

Reese, Frank: Web Analytics – Damit aus Traffic Umsatz wird: Die besten Tools und Strategien. BusinessVillage, Göttingen 2009.

Scheuer, Thomas: Marketing für Dienstleister. Wie Sie unsichtbare Leistungen erfolgreich vermarkten. Gabler, Wiesbaden 2005.

Schwarz, Torsten: Leitfaden Online-Marketing: Das kompakte Wissen der Branche. marketing-BÖRSE, Waghäusel 2007.

yeebase media solution GbR: T3N, Hannover.